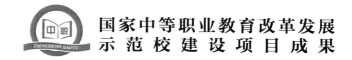

国家中等职业教育改革发展
示范校建设项目成果

机床继电控制系统的装配与维修一体化教材

jichuangjidiankongzhixitong de zhuangpei yu weixiu yitihuajiaocai

主　编　李带荣
副主编　高小霞
参　编　谭　跃　尚玉廷　郭春发　吴乐明　陈友栋

知识产权出版社
全国百佳图书出版单位

责任编辑：石陇辉　　　　　　　　责任校对：韩秀天

文字编辑：李　潇　　　　　　　　责任出版：卢运霞

封面设计：刘　伟

图书在版编目（CIP）数据

机床继电控制系统的装配与维修一体化教材/李带荣主编 . ——
北京：知识产权出版社，2014.2

国家中等职业教育改革发展示范校建设项目成果

ISBN 978 - 7 - 5130 - 2178 - 4

Ⅰ.①机…　Ⅱ.①李…　Ⅲ.①机床—继电保护装置—
装配（机械）—中等专业学校—教材②机床—继电保护装
置—维修—中等专业学校—教材　Ⅳ.①TG502.34

中国版本图书馆CIP数据核字（2013）第 176954 号

国家中等职业教育改革发展示范校建设项目成果

机床继电控制系统的装配与维修一体化教材

李带荣　主编

出版发行：知识产权出版社 有限责任公司

社　　址：北京市海淀区马甸南村 1 号　　　　　邮　编：100088

网　　址：http：//www.ipph.cn　　　　　　邮　箱：bjb@cnipr.com

发行电话：010—82000860 转 8101/8102　　　传　真：010—82005070/82000893

责编电话：010—82000860 转 8175　　　　　责编邮箱：shilonghui@cnipr.com

印　　刷：北京中献拓方科技发展有限公司　　经　销：新华书店及相关销售网点

开　　本：787mm×1092mm　1/16　　　　　印　张：11.75

版　　次：2014 年 2 月第 1 版　　　　　　　印　次：2014 年 2 月第 1 次印刷

字　　数：269 千字　　　　　　　　　　　定　价：38.00 元

ISBN 978-7-5130-2178-4

审定委员会

主　任：高小霞

副主任：郭雄艺　　罗文生　　冯启廉　　陈　强

　　　　刘足堂　　何万里　　曾德华　　关景新

成　员：纪东伟　　赵耀庆　　杨　武　　朱秀明　　荆大庆

　　　　罗树艺　　张秀红　　郑洁平　　赵新辉　　姜海群

　　　　黄悦好　　黄利平　　游　洲　　陈　娇　　李带荣

　　　　周敬业　　蒋勇辉　　高　琰　　朱小远　　郭观棠

　　　　祝　捷　　蔡俊才　　张文库　　张晓婷　　贾云富

序

根据《珠海市高级技工学校"国家中等职业教育改革发展示范校建设项目任务书"》的要求，2011年7月至2013年7月，我校立项建设的数控技术应用、电子技术应用、计算机网络技术和电气自动化设备安装与维修四个重点专业，需构建相对应的课程体系，建设多门优质专业核心课程，编写一系列一体化项目教材及相应实训指导书。

基于工学结合专业课程体系构建需要，我校组建了校企专家共同参与的课程建设小组。课程建设小组按照"职业能力目标化、工作任务课程化、课程开发多元化"的思路，建立了基于工作过程、有利于学生职业生涯发展的、与工学结合人才培养模式相适应的课程体系。根据一体化课程开发技术规程，剖析专业岗位工作任务，确定岗位的典型工作任务，对典型工作任务进行整合和条理化。根据完成典型工作任务的需求，四个重点建设专业由行业企业专家和专任教师共同参与的课程建设小组开发了以职业活动为导向、以校企合作为基础、以综合职业能力培养为核心，理论教学与技能操作融合贯通的一系列一体化项目教材及相应实训指导书，旨在实现"三个合一"：能力培养与工作岗位对接合一、理论教学与实践教学融通合一、实习实训与顶岗实习学做合一。

本系列教材已在我校经过多轮教学实践，学生反响良好，可用做中等职业院校数控、电子、网络、电气自动化专业的教材，以及相关行业的培训材料。

珠海市高级技工学校

前　　言

　　本书是电气自动化设备安装与维修专业优质核心课程的一体化教材。课程建设小组以电气自动化职业岗位工作任务分析为基础，以国家职业资格标准为依据，以综合职业能力培养为目标，以典型工作任务为载体，以学生为中心，运用一体化课程开发技术规程，根据典型工作任务和工作过程设计课程教学内容和教学方法，按照工作过程的顺序和学生自主学习的要求进行教学设计并安排教学活动，共设计了 6 个学习任务，每个学习任务下设计了 3～7 个学习活动，每个学习活动通过 2～7 个教学环节，完成学习活动。通过这些学习任务，重点对学生进行机床继电控制行业的基本技能、岗位核心技能的训练，并通过完成机床继电控制系统典型工作任务的一体化课程教学达到与电气自动化专业对应的机床继电控制系统的装配与维修岗位的对接，实现"学习的内容是工作，通过工作实现学习"的工学结合课程理念，最终达到培养高素质技能人才的培养目标。

　　本书由我校电气自动化专业相关人员与长陆自动化有限公司等单位的行业企业专家共同开发、编写完成。本书由李带荣担任主编，高小霞任副主编，参加编写的人员有谭跃、尚玉廷、郭春发、吴乐明、陈友栋，全书由卢光飞和刘足堂主任统稿，高小霞和郭雄艺对本书进行了审稿与指导，曾德华等参加了审稿和指导工作。

　　由于时间仓促，编者水平有限，加之改革处于探索阶段，书中难免有不妥之处，敬请专家、同仁给予批评指正，为我们的后续改革和探索提供宝贵的意见和建议。

编者

目　　录

学习任务一
三相笼型电动机的拆装与维护

【学习目标】

（1）掌握三相异步电动机的内部结构和工作原理。

（2）三相笼型电动机（见图1-1）的拆装。

1）掌握电机绕组端子确定、绝缘电阻测试、空载运行电流测试等方法。

2）掌握万用表、摇表、钳形电流表的使用。

3）熟练掌握电机绕组拆卸、绕组绕制及电机装配过程（拓展知识）。

图1-1　三相笼型电动机

【任务要求】

（1）正确使用电动机拆装工具。

（2）了解电动机基本结构和工作原理，正确拆装电动机并进行维护，填写维护记录。

（3）能根据电动机故障现象，分析故障范围，查找故障点，制定维修方案，掌握电动机故障检修的基本方法。

（4）能用仪表对三相异步电动机进行测试检查，验证电动机安装的正确性。

（5）能按照安全操作规程正确通电试车。

（6）能按照企业管理制度，正确填写维修记录并归档，确保记录的可追溯性，为以后维修提供参考资料。

【建议课时】

48 课时。

学习活动 1　三相异步电动机相关理论知识回顾

学习目标：掌握三相异步电动机的工作原理。
学习地点：电工实训场。
学习课时：4 课时。

一、三相异步电动机的结构

$$
基本结构
\begin{cases}
定子
\begin{cases}
定子铁心：嵌放绕组，提供磁路 \\
定子绕组：产生旋转磁场
\end{cases} \\
转子
\begin{cases}
转子铁心：嵌放绕组，提供磁路 \\
转子绕组：感应出电势、电流
\begin{cases}
笼型 \\
绕线型
\end{cases}
\end{cases} \\
气隙
\end{cases}
$$

材料：铁心均由硅钢片叠压而成。

二、工作原理

1. 内容

三相电源通给三相对称的定子绕组，产生旋转磁场，静止的转子相对于旋转磁场有一个相对的切割磁力线的运动，产生感应电动势，产生感应电流，转子绕组有了电流，在磁场中会受到电磁力的作用，形成电磁转矩，克服阻转矩，驱动转子旋转起来，实现了电能转换成机械能的目的。

2. 旋转条件

（1）旋转磁场（见图 1-2）。

（2）转子是闭合导体。

3. 定子绕组

（1）槽数 Z_1：定子铁心总槽数。

（2）线圈节距 y：一个线圈的两个有效边所跨定于圆周的距离，$y \approx \tau = \dfrac{Z_1}{2p}$。

（3）极距 τ：交流绕组一个磁极所占有定子圆周的距离，$\tau = \dfrac{Z_1}{2p}$。

（4）电角度：电角度＝p×机械角度。

（5）槽距角：槽距角是指相邻的两个槽之间的电角度，$\alpha = \dfrac{360p}{Z_1}$。

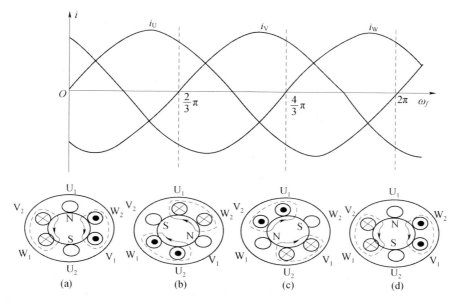

图 1-2　旋转磁场

（6）每极每相槽数 q：每相绕组在每个磁极下占的槽数，$q=\dfrac{Z_1}{2pm}$。

· 知识拓展

了解图 1-3 所示家用电风扇和洗衣机的电动机。

电风扇电动机　　　　　洗衣机电动机

图 1-3　电风扇电动机与洗衣机电动机

· 引导问题

（1）上述的电动机额定工作电压是＿＿＿＿＿伏，属于＿＿＿＿＿相电动机。

（2）交流电是由＿＿＿＿＿＿＿＿＿＿＿＿＿＿＿＿＿＿＿＿＿＿＿产生的。

· 提示

（1）观察图 1-4 所示的三相交流发电机模型的结构。特别注意镶嵌在铁心中的红色、黄色、绿色三组线圈，其中每一组的线圈表面上看只有一圈，但其实这一圈里面已经用细的漆包线绕了很多匝，请大家留意这三组不同颜色的线圈在铁心上的安装位置有什么特点？

铁心　永久磁铁

图1-4　三相交流发电机的模型

（2）观察铁心内部的永久磁铁，摇动手轮，观察永久磁铁的转动。

（3）该发电机共有＿＿＿＿＿＿＿＿个接线端口，请确定每个线圈的头尾。

（4）你觉得这个发电机的工作原理是：＿＿＿＿＿＿＿＿＿＿＿＿＿＿＿＿＿＿＿＿

＿＿＿

＿＿＿。

学习活动 2　电动机的定义及分类

学习目标：掌握异步电动机的结构及分类。

学习地点：电工实训场。

学习课时：4课时。

学习过程：

（1）电动机是根据电磁感应原理把电能转换为机械能，并输出机械转矩的原动机。

（2）分类。按电流分为直流、交流两种；交流电动机分为同步、异步两种；异步电动机可分为单相、三相电动机；三相电动机可分为绕线转子、笼型。

一、三相笼型异步电动机的结构

异步电动机由定子和转子两个基本部分组成（如图1-5所示）。定子是固定部分，转

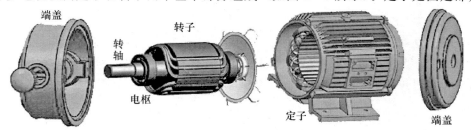

端盖　　转子　转子

转轴

电枢　　　定子　　端盖

图1-5　笼型异步电动机的各部件

子是转动部分。为了使转子能够在定子中自由转动，定子、转子之间有 0.2～2mm 的空气隙。图 1-5 是笼型异步电动机拆开后各个部件的形状。图 1-6 是三相笼型异步电动机的主要结构。

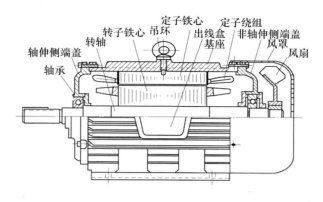

图 1-6　三相笼型异步电动机的主要结构

1. 定子

定子主要用来产生旋转磁场，它由定子铁心、定子绕组、机壳等组成。

（1）定子铁心。

定子铁心是磁路的一部分，为了降低铁心损耗，采用 0.35～0.5mm 厚的硅钢片叠压而成，硅钢片间彼此绝缘，如图 1-7 所示。铁心内圆周上分布有若干均匀的平行槽，用来嵌放定子绕组，如图 1-8 所示。

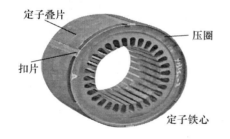

图 1-7　定子的硅钢片

图 1-8　装有三相绕组的定子

（2）机壳。

机壳包括端盖和机座，其作用是支承定子铁心和固定整个电机。中小型电机机座一般采用铸铁铸造，大型电机机座用钢板焊接而成。端盖多用铸铁铸成，用螺栓固定在机座两端。

（3）定子绕组。

定子绕组是电动机定子的电路部分，应用绝缘铜线或铝线绕制而成。三相绕组对称地嵌放在定子槽内。三相异步电动机定子绕组的三个首端 U_1、V_1、W_1 和三个末端 U_2、V_2、W_2，都从机座上的接线盒中引出，如图 1-9 所示。图 1-9（a）为定子绕组的星形接法；图 1-9（b）为定子绕组的三角形接法。三相绕组具体应该采用何种接法，应视电力网的线电压和各相绕组的工作电压而定。目前我国生产的三相异步电动机，功率在

4kW 以下者一般采用星形接法，在 4kW 以上者采用三角形接法。

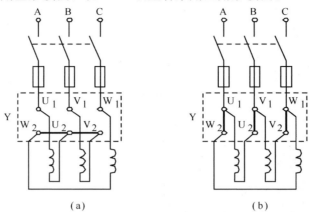

图 1-9 定子绕组的接法

(a) 定子绕组的星形接法；(b) 定子绕组的三角形接法

2. 转子

转子主要用来产生旋转力矩，拖动生产机械旋转。转子由转轴、转子铁心和转子绕组构成。

（1）转轴。

转轴用来固定转子铁心和传递能量，一般用中碳钢制成。

（2）转子铁心。

转子铁心也属于磁路的一部分，一般用 0.35~0.5mm 的硅钢片叠压而成（见图 1-10）。转子铁心固定在转轴上，其外圆均匀分布的槽是用来放置转子绕组的。

图 1-10 转子的硅钢片

（3）转子绕组。

三相异步电动机的转子绕组分为笼型和绕线转子两种。

1）笼型转子。

笼型转子是由安放在转子铁心槽内的裸导体和两端的短路环连接而成的。转子绕组就像一个笼（见图 1-11），故称其为笼型转子。

目前，100kW 以下的笼型电动机一般采用铸铝绕组。这种转子是将融化了的铝液直接浇筑在转子槽内，并连同两端的短路环和风扇叶浇筑在一起，该转子也称为铸铝转子，如图 1-12 所示。

图 1-11 笼型绕组

图 1-12 铸铝转子

2）绕线转子。

绕线转子绕组与定子绕组相似，也为三相对
称绕组，嵌放在转子槽内。三相转子绕组通常连
接成星形，即三个末端连在一起，三个首端分别
与转轴上的三个滑环（滑环与轴绝缘且滑环间相
互绝缘）相连，通过滑环和电刷接到外部的变阻
器上（见图 1-13），以便改善电动机的起动和调
速性能。具有绕线转子的电动机称为绕线转子电
动机。绕线转子电动机起动时，为改善起动性能，
使转子绕组与外部变阻器相连；而在正常运转时，
将外部变阻器调到零位或直接将其首端短接。绕

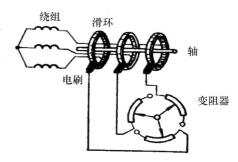

图 1-13　绕线转子绕组与
外接变阻器的连接

线转子电动机由于结构复杂、价格较贵，仅适用于要求有较大起动转矩及有调速要求的场
合。而笼型电动机由于结构简单、价格低廉、性能可靠及使用维护方便，在实际生产中应
用很广泛。

二、引导问题

（1）口述三相笼型异步电动机的结构。

（2）口述三相笼型异步电动机的原理。

学习活动 3　制订工作计划

工作情境描述：教师准备对车间的 1 号风机进行检修，需要将风机的三相笼型电动机
拆卸进行检修，并重新安装、恢复功能，要求学生制订一份合理的工作计划。

学习目标：制订工作计划。

学习地点：电工实训场。

学习课时：4 课时。

任务要求：

（1）制订检修工作计划；

（2）列出工具、材料清单。

请你编制一份维修工作计划，你的计划最少要考虑到：

（1）施工方案的步骤是_____

_____

_____。

（2）施工准备包括哪些内容？

_____

_____

_____

_____

（3）施工会对实训场造成怎样的影响？如何将影响降到最低？

_____

_____

_____

（4）施工中要注意哪些安全事项？采取哪些安全保障措施？

_____

_____

_____

（5）施工的工期多长？各环节怎么分配时间？填写表1-1。

表1-1　　　　　　　　　　　　施工工期安排

序　　号	工作步骤	使用工时	责任人

（6）施工中需要用到哪些工具与材料？填写表1-2。

表1-2　　　　　　　　　　　施工所需工具及材料

序　　号	工具／材料	规格型号	数　　量

学习活动4　实施计划

工作情境描述：教师觉得你的计划可以实施，接下来按照计划完成。

学习目标：三相电动机的拆装。

学习地点：电工实训场。

学习课时：28课时。

任务要求：

（1）电动机的拆卸；

（2）电动机的检测维护；

（3）电动机的安装；

（4）电动机的接线。

一、三相异步电动机的铭牌

观察电动机的外壳，上面的铭牌如表 1-3 所示。

表 1-3 三相异步电动机的铭牌

三相异步电动机			
	型号 Y2-132S-4	功率 5.5kW	电流 11.7A
频率 50Hz	电压 380V	接法△	转速 1440r/min
防护等级 IP44	重量 68kg 工作制 S1	F 级绝缘	
××电机厂			

· 引导问题

从上面的铭牌中读到了什么信息？写出来看看。

_____

_____

_____

· 提示

常用中、小型三相异步电动机的型号和参数

1. 型号

表示电动机的机座形式和转子类型（见图 1-14）。国产异步电动机的型号用 Y（Y2）、YR、YZR、YB、YQB、YD 等汉语拼音字母来表示。其含义为：

Y——笼型异步电动机（容量为 0.55～90kW）；

YR——绕线转子异步电动机（容量为 250～2500kW）；

YZR——起重机上用的绕线转子异步电动机；

YB——防爆式异步电动机；

YQ——高起动转矩异步电动机。

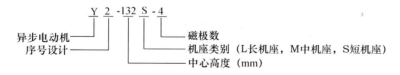

图 1-14 电动机的型号

2. 参数

（1）额定功率（P_N）：在额定运行时，电动机轴上输出的机械功率（kW）。

（2）额定电压（U_N）：在额定运行时，定子绕组端应加的线电压值，一般为 220V/380V。Y 系列电动机功率在 4kW 以上均采用三角形连接，以便采用 Y-△接法。3kW 以下有 380V 和 220V 两种，写成 380V/220V，对应接法两种，即 Y/△。电源线电压 380V

时，定子绕组接成星形；电源线电压 220V 时，定子绕组接成三角形。

（3）额定电流（I_N）：在额定运行时，定子的线电流（A）。

（4）接法：指电动机定子三相绕组接入电源的连接方式。

（5）转速（n）：额定运行时的电动机转速。

（6）功率因数（$\cos\Phi$）：指电动机输出额定功率时的功率因数，一般为 0.75～0.90。

（7）效率（η）：电动机满载时输出的机械功率 P_2 与输入的电功率 P_1 之比，即 $\eta = P_2/P_1 \times 100\%$。

（8）防护形式：电动机的防护形式用"IP"和两个阿拉伯数字表示，数字代表防护形式（如防尘、防溅）的等级。

（9）温升：电动机在额定负载下运行时，自身温度高于环境温度的允许值。如允许温升为 80℃，周围环境温度为 35℃，则电动机所允许达到的最高温度为 115℃。

（10）绝缘等级：是由电动机内部所使用的绝缘材料决定的，它规定了电动机绕组和其他绝缘材料可承受的允许温度。目前 Y 系列电动机大多数采用 B 级绝缘，B 级绝缘的最高允许温度为 130℃；高压和大容量电机常采用 H 级绝缘，H 级绝缘最高允许工作温度为 180℃。

（11）运行方式：有连续、短时和间歇三种，分别用 S_1、S_2、S_3 表示。

电动机接线前首先要用兆欧表检查其绝缘电阻。额定电压在 1kV 以下的，运行中的电动机，绝缘电阻不应低于 0.5MΩ。新安装或大修后的电动机，其绝缘电阻不应低于 1MΩ。

三相异步电动机接线盒内应有六个端头，各相的始端用 U_1、V_1、W_1 表示，终端用 U_2、V_2、W_2 表示。电动机定子绕组的接线盒内端子的布置形式，常见的有 Y 形接法和△形接法，如图 1－15 所示。

当电动机没有铭牌，端子标号又弄不清楚时，需先确定三相绕组引出线的头尾端。

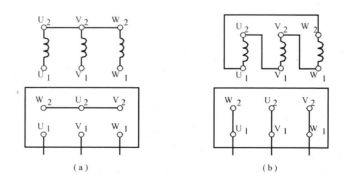

图 1－15　电动机的连接

二、电动机的拆卸

1. 拆卸前的准备

（1）切断电源，拆开电动机与电源连接线，并做好与电源线相对应的标记，以免恢复时搞错相序，并把电源线的线头做绝缘处理。

（2）备齐拆卸工具，特别是拉具、套筒等专用工具。

（3）熟悉被拆电动机的结构特点及拆装要领。

（4）测量并记录联轴器或皮带轮与轴台间的距离。

（5）标记电源线在接线盒中的相序、电动机的出轴方向及引出线在机座上的出口方向。

2. 拆卸步骤

借助图 1-16，简述拆卸步骤。

（1）卸皮带轮或联轴器，拆电机尾部风扇罩。

（2）卸下定位键或螺钉，并拆下风扇。

（3）旋下前后端盖紧固螺钉，并拆下前轴承外盖。

（4）用木板垫在转轴前端，将转子连同后端盖一起用锤子从止口中敲出。

（5）抽出转子。

（6）将方木伸进定子铁心顶住前端盖，用锤子敲击木方卸下前端盖，再拆卸前后轴承及轴承内盖。

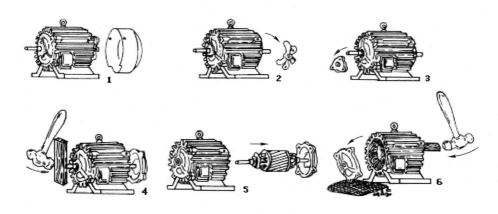

图 1-16　电机拆卸步骤

3. 主要部件的拆卸方法

（1）皮带轮（或联轴器）的拆卸：先在皮带轮（或联轴器）的轴伸端（联轴端）做好尺寸标记，然后旋松皮带轮上的固定螺钉或敲去定位销，给皮带轮（或联轴器）的内孔和转轴结合处加入煤油，稍等渗透后，使锈蚀的部分松动，再用拉具将皮带轮（或联轴器）缓慢拉出，如图 1-17 所示。若拉不出，可用喷灯急火在皮带轮外侧轴套四周加热，加热时需用石棉或湿布把轴包好，并向轴上不断浇冷水，以免使其随同外套膨胀，影响皮带轮的拉出。注意：加热温度不能过高，时间不能过长，以防变形。

（2）轴承的拆卸：轴承的拆卸可采取以下三种方法。

1）用拉具进行拆卸。拆卸时拉具钩爪一定要抓牢轴承内圈，以免损坏轴承，如图1-18所示。

11

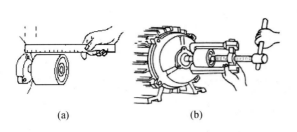

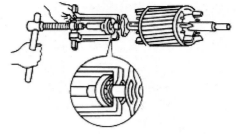

图 1-17　拆卸皮带轮　　　　　　　　　图 1-18　用拉具拆卸轴承

（a）皮带轮的位置标注；（b）用拉具拆卸皮带轮

2）用铜棒拆卸。将铜棒对准轴承内圈，用锤子敲打铜棒，如图 1-19 所示。用此方法时要注意轮流敲打轴承内圈的相对两侧，不可敲打一边，用力也不要过猛，直到把轴承敲出为止。

3）在拆卸端盖内孔轴承时，可采用如图 1-20 所示的方法，将端盖止口面向上平稳放置，在轴承外圈的下面垫上木板，但不能顶住轴承，然后用一根直径略小于轴承外沿的铜棒或其他金属管抵住轴承外圈，从上往下用锤子敲打，使轴承从下方脱出。

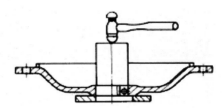

图 1-19　用锤子敲打铜棒　　　　　　　图 1-20　拆卸端盖内孔轴承

4）铁板夹住拆卸。用两块厚铁板夹住轴承内圈，铁板的两端用可靠支撑物架起，使转子悬空，如图 1-21 所示，然后在轴上端面垫上厚木板并用锤子敲打，使轴承脱出。

5）抽出转子。在抽出转子之前，应在转子下面气隙和绕组端部垫上厚纸板，以免抽出转子时碰伤铁心和绕组。

对于小型电机的转子可直接用手取出，一手握住转轴，把转子拉出一些，随后另一手托住转子铁心渐渐往外移，如图 1-22 所示。

图 1-21　铁板架住拆卸轴承　　　　　　图 1-22　小型电机转子的拆卸

在拆卸较大的电机时，可两人一起操作，每人抬住转轴的一端，渐渐地把转子往外移。若铁心较长，有一端不好出力时，可在轴上套一节金属管当作假轴，方便出力，如图1-23所示。

图1-23 中型电机转子的拆卸

·引导问题

（1）写出你组的拆卸过程。

_____

_____

（2）写出你组在拆卸过程中遇到的问题以及解决办法，如表1-4所示。

表1-4   拆卸过程中的问题及解决办法

序　　号	遇到的问题	解决办法

（3）各组展示拆卸的电动机配件，指出每个配件实物的名称与作用。

（4）各组简单口述三相笼异步电动机的工作原理。

（5）总结拆卸过程中的问题及解决办法。

三、电动机常见故障的检修

电动机已经拆卸开了，接着请你对这个电动机进行检测，判断故障点，并排除故障。

·引导问题

（1）电动机还能旋转，但是噪声很大，你觉得这是_____的问题。

A. 绕组烧毁　　　　　　B. 润滑　　　　　C. 轴承

（2）请你观察转子的周围，有否刮碰的痕迹？如果有，是_____的问题。

（3）如果是怀疑绕组烧毁，如何判断？

（4）如果怀疑是轴承问题，如何判断？

（5）各组分析故障的原因，指出故障元件。

（6）说明排除故障的方法。

·提示

按国家标准，滚动轴承代号采用汉语拼音字母和阿拉伯数字表示，一般是以一组数字表示轴承的结构、类型和内径尺寸。规定用七位数字表示：右起第一、二位数字表示轴承内径；右起第三位数字表示轴承直径系列；右起第四位数字表示轴承类型代号；右起第五、六位数字表示轴承的结构特点；右起第七位数字表示轴承的宽度或高度系列。

超过七位数字的就从左看起，左起第一位数字表示轴承游隙，左起第二位表示轴承精度等级，如 G（普通）、E（高级）、D（精密级）、C（超精密级）。而通常滚动轴承的代号是用四位数字表示，其四位数字的意义见表 1-5。

表 1-5　　　　　　　　　　　　　滚动轴承代号的意义

位数（右向左）	数字代表的意义	代　　　　　　　号									
		0	1	2	3	4	5	6	7	8	9
第一、二位数	轴承内径	代号数字＜04 时，00、01、02、03、分别表示轴承内径为 10mm、12mm、15mm、17mm，代号数字为 04～99 时，代号的数字乘以 5，即为轴承的内径尺寸。									
第三位数	轴承直径系列		特轻系列	轻窄系列	中窄系列	重窄系列	轻宽系列	中宽系列	特轻系列	超轻系列	超轻系列
第四位数	轴承类型	向心球轴承	调心球轴承	向心短圆柱滚子轴承	调心滚子轴承	滚针轴承	螺旋滚子轴承	角接触球轴承	圆锥滚子轴承	推力球轴承	推力滚子轴承

注意：标注代号时最左边的"0"规定不写。

四、电动机的安装

故障排除后，需要将电动机重新正确安装，恢复电动机的功能。

1. 装配前的准备

先备齐装配工具，将可洗的各零部件用汽油冲洗，并用棉布擦拭干净，再彻底清扫定子、转子内部表面的尘垢。接着检查槽楔、绑扎带等是否松动，有无高出定子铁心内表面的地方，并相应做好处理。

2. 装配步骤

按拆卸时的逆顺序进行，并注意将各部件按拆卸时所做的标记复位。

3. 主要部件的装配方法

（1）轴承的装配：分冷套法和热套法。

冷套法是先将轴颈部分揩擦干净，把清洗好的轴承套在轴上，用一段钢管，其内径略大于轴颈直径，外径又略小于轴承内圈的外径，套入轴颈，再用手锤敲打钢管端头，将轴承敲进。也可用硬质木棒或金属棒顶住轴承内圈敲打，为避免轴承歪扭，应在轴承内圈的圆周上均匀敲打，使轴承平衡地行进，如图 1-24 所示。

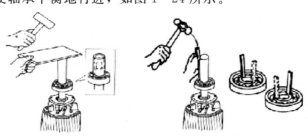

图 1-24　冷套法安装轴承

热套法是将轴承放入 80～100℃变压器油中加热 30～40min 后，趁热取出迅速套入轴颈中，如图 1-25 所示。注意：安装轴承时，标号必须向外，以便下次更换时查对轴承型号。

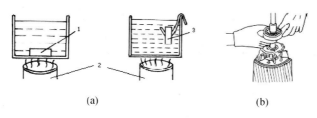

图 1-25　热套法安装轴承
(a) 用油加热轴承；(b) 热套轴承
1—轴承不能放在槽底；2—火炉；3—轴承应吊在槽中

另外，在安装好的轴承中要按其总容量的 1/3～2/3 容积加注润滑油，转速高的按小值加注，转速低的按大值加注。轴承如损坏应立即更换。如轴承磨损严重，外圈与内圈间隙过大，造成轴承过度松动、转子下垂并摩擦铁心、轴承滚动体破碎或滚动体与滚槽有斑痕出现、保持架有斑痕或被磨坏等，都应更换新轴承。更换的轴承应与损坏的轴承型号相符。

（2）轴承的识别及选用：当损坏的轴承型号无法识别，看不懂轴承型号及代号的意义时，都会给更换带来一定的困难。学会识别轴承型号及代号，对选用轴承是十分必要的。

电动机的轴承一般分为滚动轴承和滑动轴承两类。滚动轴承装配结构简单，维修方便，主要用于中、小型电动机；滑动轴承多用于大型电动机。

（3）轴承润滑脂的识别及选择：选择滚动轴承润滑脂时，主要考虑轴承的运转条件，如使用环境（潮湿或干燥）、工作温度和电机转速等。当环境温度较高时，应使用耐水性强的润滑脂，转速越高，应选用锥入度越大（稠度较稀）的润滑脂，以免高速时润滑脂内产生很大的摩擦损耗，使轴承温升增高和电机效率降低。负载越大时，应选择锥入度越小的润滑脂。

（4）后端盖的装配：将轴伸端朝下垂直放置，在其端面上垫上木板，后端盖套在后轴承上，用木锤敲打，如图 1-26 所示。把后端盖敲进去后，装轴承外盖。紧固内外轴承盖的螺栓时注意要对称地逐步拧紧，不能先拧紧一个，再拧紧另一个。

（5）前端盖的装配：将前轴承内盖与前轴承按规定加够润滑油后，一起套入转轴，然后，在前内轴承盖的螺孔与前端盖对应的两个对称孔中穿入铜丝拉住内盖，待前端盖固定就位后，再从铜丝上穿入前外轴承盖，拉紧对齐。接着给未穿铜丝的孔中先拧进螺栓，带上丝扣后，抽出铜丝，最后给这两个螺孔拧入螺栓，依次对称逐步拧紧。也可用一个比轴承盖螺栓更长的无头螺钉（吊紧螺钉），先拧进前内轴承盖，再将前端盖和前外轴承盖相应的孔套在这个无头长螺钉上，使内外轴承盖和端盖的对应孔始终拉紧对齐。待端盖到位后，先拧紧其余两个轴承盖螺栓，再用第三个轴承盖螺栓换下开始时用以定位的无头长螺钉（吊紧螺钉），如图 1-27 所示。

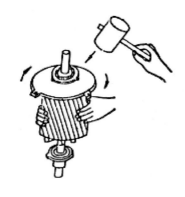 

图 1-26　后端盖的装配　　　　　图 1-27　轴承内外端盖的固定

· 引导问题

（1）写写你们组的安装过程。

_____

_____

_____

_____

_____

_____

（2）写写你们组在安装过程中遇到的问题以及解决办法，见表 1-6。

表 1-6　　　　　　　　　　安装过程中的问题及解决方法

序　　号	遇到的问题	解决办法

（3）各组总结自己的安装过程、遇到的问题以及解决方法。

五、电动机的接线

电动机安装完毕以后，需要对电动机进行接线。

1. 三相异步电动机绕组首尾端判别的准则

电动机的首尾端一般由其引出线端标记可知，但对于无引出端标记的电动机，就必须先判别其首尾端才能接线，否则会因接错绕组而损坏电动机。

2. 三相异步电动机绕组首尾端判别的方法

只有正确判别了三相绕组的首尾端，才可进一步探讨三相绕组的连接方法。在实际中，判别三相绕组的首尾端有直流法、交流法和剩磁法。

（1）直流法。判别步骤如下：

1) 分相设定标记。首先用万用表的电阻挡找出三相绕组每相绕组的两个引出线头。用万用表的其中一表笔接其中一出线端，用另一表笔去碰触另外 5 个出线端，若是万用表指针有偏转则为同相，不偏转则不同相。将测出的其中一相进行标记，可以将两根线打结标记。剩下的两相按同样的方法判别再进行标记。

2) 连接线路。给各相绕组假设编号为 U_1、U_2、V_1、V_2、W_1、W_2，按图 1 - 28 的接线，观察万用表指针摆动情况。

3) 测量判别。合上开关瞬间若指针正偏，则电池正极的线头与万用表负极（黑表笔）所接的线头同为首端或尾端；若指针反偏，则电池正极的线头与万用表正极（红表笔）所接的线头同为首端或尾端；再将电池和开关接另一相的两个线头，进行测试，就可正确判别各相的首尾端。

（2）交流法。判别步骤如下：

1) 分相设定标记，方法同直流法。

2) 连接线路。给各相绕组假设编号为 U_1、U_2、V_1、V_2、W_1、W_2，按图 1 - 29 接线，接通电源。

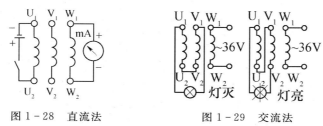

图 1 - 28　直流法　　　　　　　　图 1 - 29　交流法

3) 测量判别。若灯灭，则两个绕组相连接的线头同为首端或尾端；若灯亮，则不是同为首端或尾端。

（3）剩磁法。判别步骤如下：

首先用万用表电阻挡查出每相绕组的两端，分出三相绕组，共六个接线端。然后将三相绕组的三个假设的首端接在一起，三个假设的尾端接在一起。再在这两个连接点之间接上万用表（置于毫安挡），如图 1 - 30 所示。接好仪表后，用手转动转子，如表针摆动，则表明假设的首尾端有错误，可调换其中任意一相的两个线端，再转动。如果表针不动或只有极微弱的抖动即表明为正确；否则，将已对调的绕组复原后，再对调另一相绕组的两个接线端，再转动观察，直到指针不动为止。

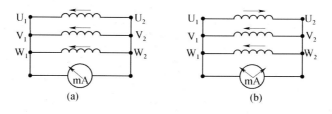

图 1 - 30　三相交流电动机绕组首尾端判别
(a) 表针不动；(b) 表针摆动

3. 三相异步电动机的连接方法

三相异步电动机绕组的连接方法有星形接法和三角形接法。

（1）星形接法：把三个首端 U_1、V_1、W_1 引出，将尾端 U_2、V_2、W_2 联结在一起成为中性点，如图 1-31 所示。

（2）三角形接法：从首端 U_1、V_1、W_1 和尾端 U_2、V_2、W_2 引出线向外引出，如图 1-32 所示。按 $W_2U_1 - U_2V_1 - V_2W_1$ 顺序联结。

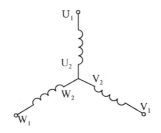

图 1-31　星形接法　　　　　图 1-32　三角形接法

不管是三角形接法还是星形接法，如果一侧有一相首尾接反了，不能产生旋转磁场，引起电动机电流过大，会造成电动机烧坏。

（3）各组展示自己组的接线。

学习活动 5　检查交付验收

学习目标：正确学会对三相电动机检查，交付验收。

学习地点：电工实训场。

学习课时：4 课时。

任务要求：检修后的电动机已经安装完毕，并接好了线路，现在请检查其功能是否已经恢复，若确定功能已经恢复，请交付上级验收使用。做好记录。

一、准备工作

（1）拟定验收单。

（2）记录验收测试数据。

讨论要验收哪些参数？拟定一份测试项目表，见表 1-7。

表 1-7　　　　　　　　　　　　　　测试项目表

验收项目内容	额定参数	实测参数

二、电动机试车前的检查

1. 机械部分检查与处理

检查定子转子的铁心是否有拖底的痕迹，清洗轴承（严禁用汽油），检查轴承是否有松动和损伤。如果轴承有过度磨损或使铁心出现拖底现象时，应更换轴承；若属正常时，清洁轴承后，可加上润滑油进行装配。

2. 电气部分检查与处理

检查线圈的漆皮是否出现脱落、损伤和变色，扎线是否出现松脱，引出线套管是否霉烂，用摇表测量相间和相对地的绝缘电阻应达到最低合格值。

3. 空载试车各项要求

在试车前先用摇表检查电动机的绝缘电阻合格，检查各螺钉是否旋紧，引出线标记是否正确，转子转动是否灵活，电动机外壳应有良好的保护接地（或接零）的安全措施，才进行通电试车。

三、摇表的使用

1. 摇表的结构

摇表又称兆欧表，是一种不带电测量电气设备及线路绝缘电阻的便携式的仪表，其外形如图1-33所示。绝缘电阻是否合格是判断电气设备能否正常运行的必要条件之一。兆欧表的读数以兆欧为单位（1MΩ＝106Ω）。

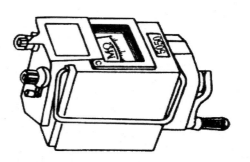

图1-33　摇表的外形

2. 如何使用摇表

（1）如何选用摇表。

摇表用来测量电气设备的绝缘电阻。摇表的额定电压应根据被测电气设备的额定电压来选择，低压设备可选用500V或1000V的摇表（摇表电压过高，可能在测试中损坏设备绝缘），高压设备选用2500V的摇表。

（2）摇表使用时的注意事项。

1）为了保证安全，首先严禁设备或线路在通电情况下测量其绝缘电阻，对具有电容设备、较长的线路或大电感电路在停电后，须充分放电后才可测量。测量后，也要及时放电。

2）使用摇表前的检查：使用前应检查摇表是不是完好，并进行开路、短路实验。先将摇表的端钮开路，摇动手柄达到发电机的额定转速（约120r/min），观察指针是否指"∞"；然后将"地"（E）和"线"（L）端短接，轻轻摇动手柄，观察指针是否指"0"。如果指针指示不对，则需调修后再使用。

3）引线的要求：引线不能使用双股并行导线或绞合导线，应使用单股绝缘良好的软铜线，长度一般不超过5m（一般用随表带引线）。

4）接线方法：接线必须正确无误，见图1-34。摇表有三个接线柱"E"（地）、"L"（线路）、"G"（保护环或屏蔽端）。在测电气设备内两绕组之间的绝缘电阻时，将"L"和"E"分别接两绕组的接线端。在测量电气设备导电部分的对地绝缘电阻时，"L"接电气设备的导电部分，"E"接外壳。当测量电缆的绝缘时，为了消除因表面漏电产生的误差，"L"接线芯、"E"接外壳、"G"接线芯和外壳之间的绝缘层。

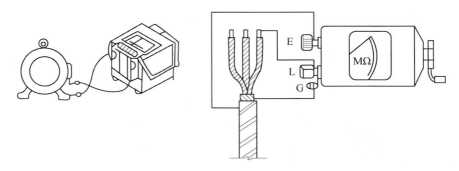

图 1-34　摇表的接线方法

5）手摇发电机的操作：在测量开始时，手柄的摇动应该慢些，以防止被测绝缘已损坏出现短路而损坏摇表。在测量时，手柄转速应为 120r/min，允许有 ±20％ 的变化，最高不要超过 25％。

（3）如何摇测大容量设备，如何摇测吸收比，如何正确读出数值。

摇测大容量设备时，应有一段充电时间，设备的容量愈大，充电时间应长些，一般以摇动摇柄 1min 后待指针稳定再读数。读数后还应继续摇动手柄，将引线拆下后方可停止摇动，并使被测设备短路放电。

摇测大容量电气设备的吸收比时，其方法与摇测绝缘电阻一样，应将摇测 60s 的读数与摇测 15s 的读数相比。若大于或等于 1.3 时，方为合格。

（4）使用摇表测线路或设备时，规程上有什么规定。

1）使用摇表测量高压设备及分布电容大的设备绝缘应由两人担任。

2）测量用的绝缘导线端部后应有绝缘套。

3）测量设备绝缘电阻应确定设备无人工作后方可进行。

4）在有感应电压的线路上测量绝缘电阻时，必须将另一回路同时停电，方可进行。雷电时，严禁测量外线路绝缘。

5）在带电设备附近测量绝缘电阻时，应与带电设备保持安全距离，移动引线时必须注意监护，防止工作人员触电。

四、如何用摇表实测电机的绝缘电阻并判定是否合格

1. 实际测量的绝缘电阻（见表 1-8）

表 1-8　　　　　　　　　　　　　绝缘电阻测量

相间的绝缘电阻		相对地的绝缘电阻		相对壳的绝缘电阻	
U 相与 V 相		U 相对地		U 相对壳	
U 相与 W 相		V 相对地		V 相对壳	
W 相与 V 相		W 相对地		W 相对壳	

（1）电动机相间的绝缘电阻测三次：U 相与 V 相间的绝缘电阻；U 相与 W 相间的绝缘电阻；W 相与 V 相间的绝缘电阻。

（2）电动机相线对地的绝缘电阻测三次：U 相对地的绝缘电阻；V 相对地的绝缘电阻；W 相对地绝缘电阻。

（3）电动机相线对外壳的绝缘电阻测三次：U 相对壳的绝缘电阻；V 相对壳的绝缘电阻；W 相对壳绝缘电阻。

2. 使用摇表具体实测一台小容量电动机的注意事项

测量一台低压电动机定子绕组相间和各相对地的绝缘电阻。测量相间绝缘时将摇表接线端子 L、E 分别接在电机两相上。测量相对地绝缘时，一定要将 L 线接绕组端，E 线接外壳（接地螺丝）。测得数值应在 0.5 MΩ 及以上为合格，否则需干燥处理。

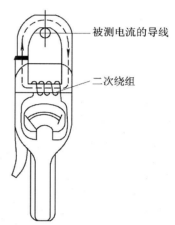

图 1-35　钳形电流表

五、测量三相异步电动机的空载电流

钳形电流表的基本知识。

请同学们参照资料：中国劳动社会保障出版社出版的《电工仪表与测量》或者其他参考书，了解钳形电流表的相关知识。

钳形电流表的结构。

钳形电流表的外形与钳子相似，使用时将导线穿过钳形铁心，因此称为钳形表或钳形电流表。它是电气工作者常用的一种电流表。用普通电流表测量电路的电流时，需要切断电路，接入电流表。而钳形电流表可在不切断电路的情况下进行电流测量，即可带电测量电流，这是钳形电流表的最大特点。其外形如图 1-35 所示。

· 引导问题

（1）常用的钳形电流表有＿＿＿＿＿＿和＿＿＿＿＿＿两种。

＿＿＿＿＿＿＿＿＿＿＿＿＿＿＿＿＿钳形电流表测量的准确度较低。

（2）钳形电流表除了可以测量电流之外，还可以用来测量什么？请你列举出来。

＿＿＿＿＿＿＿＿＿＿＿＿＿＿＿＿＿＿＿＿＿＿＿＿＿＿＿＿＿＿＿＿

＿＿＿＿＿＿＿＿＿＿＿＿＿＿＿＿＿＿＿＿＿＿＿＿＿＿＿＿＿＿＿＿

（3）钳形电流表是属于电磁式仪表吗？它能用来测直流电流吗？

＿＿＿＿＿＿＿＿＿＿＿＿＿＿＿＿＿＿＿＿＿＿＿＿＿＿＿＿＿＿＿＿

＿＿＿＿＿＿＿＿＿＿＿＿＿＿＿＿＿＿＿＿＿＿＿＿＿＿＿＿＿＿＿＿

＿＿＿＿＿＿＿＿＿＿＿＿＿＿＿＿＿＿＿＿＿＿＿＿＿＿＿＿＿＿＿＿

· 提示

钳形电流表的使用。

（1）如何选用钳形电流表。

1）根据被测量线路的电压选择钳形电流表的额定电压等级。钳形电流表是不允许测量高压和裸线电流的。

2）根据被测量线路的电流大小选择钳形电流表的量程。

（2）钳形电流表使用时的注意事项（钳口与导线的位置，如何选挡、换挡，如何读数，钳口检查、消磁方法，使用完毕的处理等）。

1）使用钳形电流表前应先作外观检查，外观要求清洁、无破损，钳口处应该闭合紧密、无污物或锈迹，并开合几次，应活动灵活，指针应指在零位，否则应用调零螺丝调到零位。

2）钳口套入导线后，应使导线处于正中位置，并与表垂直，钳口应紧闭，如有"嗡嗡"声可重开合几次使钳口接触密封。

3）如果测量前不知被测电流的大小时，应将量程调到最大挡进行试测，然后根据测量结果决定是否需要换挡测量。换挡时必须将导线退出钳口后变换量程，再重新钳入导线测量。

4）选择适当的电流量程进行测量后，按所选量程的刻度线指示直接读数即可。

5）测量大电流后再测量小电流时，为了提高准确度要进行消磁，将钳口开合几次，消除大电流产生的剩磁，再进行小电流的测量。

6）测量完毕，一定要注意把量程开关调到最大量程位置上，以免下次使用时由于疏忽未选择量程就进行测量而损坏仪表。

（3）较小电流的测量方法。测量较小的电流时，转换开关置于最小量程挡，示值仍比较小时，在条件许可的情况下，可将导线多绕几圈，套在钳口上进行测量。用读数除以导线所绕的圈数为被测电流的实际值。

（4）使用注意事项。

1）测高压电流时，要戴绝缘手套，穿绝缘靴，并站在绝缘台上。

2）测量前对表进行充分的检查，并正确地选挡。

3）测量时应戴手套（绝缘手套或清洁干燥的线手套），必要时应设监护人。

4）需要换挡测量时，应先将导线自钳口内退出，换挡后再钳入导线测量。

5）有足够的安全措施，不可测量裸导线上的电流。

6）进行测量时要注意保持与带电部分的安全距离，以免发生触电事故。

7）测量完毕后，应将量限开关置于最高挡，有表套时将表放入表套，存放在干燥、无尘无腐蚀性气体且不受振动的场所。

（5）通电测量电动机。将实测电动机时在钳形电流表绕多少圈、实测钳形电流表读数及换算后实际电流记录下来，并与电动机铭牌上的额定电流做比较，见表1-9。

表1-9 测量结果

圈数	钳形电流表读数	实际电流	电动机额定电流

学习活动 6　评价反馈

学习目标：学会正确检查三相电动机，交付验收。
学习地点：电工实训场。
学习课时：4 课时。

一、任务要求

（1）请你对此次学习的过程和结果做一个评价，并对以后的维修项目提出优化建议。
（2）制作一个 PPT 汇报稿，汇报你组的工作过程与成果。
（3）提出优化建设建议。
（4）给其他组介绍说明你组的工作过程与成果，说明值得推广的经验。

表 1-10　　　　　　　　　　　　评价表

一级评价指标	二级评价指标	评价内容	配分	自我评价	小组评价
行为指标	安全文明生产	是否遵守安装规程	5分		
		是否按安全规程正确操作，无任何元器件的损坏	5分		
		工作岗位整洁	5分		
		良好的工作习惯	5分		
技能指标	工作过程理论知识的掌握	查阅资料的能力	5分		
		观察分析问题的能力	5分		
		解决问题的方法和效果	5分		
		对装置的安装工艺要求的理解程度	5分		
技能指标	工作中技能的掌握	完成工作的积极性	5分		
		完成工作的工艺与方法的掌握	10分		
		所采用的方案是否合理	10分		
		所采用的方案是否可行	10分		
		理论与实际相结合的综合分析	5分		
		工具的正确使用与维护保养	5分		
情感指标	综合运用能力	团队协作能力	5分		
		工作效率	5分		
		知识或技能拓展力	5分		
合计			100分		
教师综合评价					

二、知识拓展

1. 绕制线圈

（1）做绕线模。绕线模是由心板和上下夹板组成，定子线圈是在绕线模上绕制而成的。

（2）线圈绕制。小型三相异步电动机采用的散嵌式线圈都是在绕线机上利用线模绕制的，如图 1－36 所示。

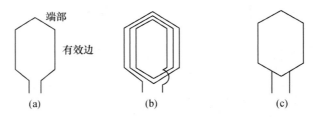

端部

有效边

(a)　　　　　　　　　(b)　　　　　　　　　(c)

图 1－36　线圈示意图

1）绕线前准备。

①仔细检查电磁线牌号、规格、绝缘厚度公差是否符合规定。

②检查绕线机运行情况是否良好，要放好绕线模，调好计圈器。

2）绕线过程。

①在绕线模上放好卡紧布带，将引线排在右手边，然后由右边向左边开始绕线。

②用毛毡浸石蜡的压板将电磁线夹紧，绕线时拉力要适当，导线排列要整齐，避免交叉混乱，匝数要准确。同时，必须保护导线的绝缘不受损坏。

③检查线圈尺寸、匝数，两个直线边用布带扎紧，以免松散。

2. 嵌线

线圈绕完以后，开始嵌线工作。嵌线就是根据绕组设计要求把一个个线圈嵌放进定子槽内，组成整个绕组。所以嵌线工序是整个嵌制绕组中最重要的一环。嵌线工艺流程是：准备绝缘材料→放置槽绝缘→嵌线→封槽口→端部整形。

（1）绝缘材料的选用。电动机的绝缘材料是决定电动机使用寿命的重要因素，因此必须正确地选用和放置绝缘材料。

（2）异步电动机定子绕组绝缘分为槽绝缘、相绝缘（层间绝缘这里不需要）。

1）槽绝缘用于槽内，是绕组与铁心之间的绝缘。

2）相绝缘又称端部绝缘，用于绕组端部两个绕组之间的绝缘。

3）层间绝缘是用于双层绕组上下之间的绝缘。

选择绝缘材料时要根据电动机的绝缘等级和电压等级来选择主绝缘材料，并配以适当的补强材料，以保护主绝缘材料不受机械损伤。常用的补强材料有青壳纸，主绝缘材料有聚脂薄膜、漆布等。选用绝缘材料时，主绝缘材料和引出线，套管、绑线、浸渍漆等应为同一绝缘等级的，彼此配套使用。

（3）槽绝缘的裁剪与放置。根据电动机的绝缘等级，选择好合适的绝缘材料后，再根据具体需要对绝缘材料进行剪裁和放置。槽绝缘的长度根据电动机容量而定。太长了，增加线圈直线部分的长度，既浪费绝缘材料和导线，又易造成端盖损伤导线的故障；太短了，绕组与铁心的安全距离不够，使得端部相绝缘很难与槽绝缘衔接，造成嵌放端部相绝缘的困难。

考虑到定子槽两端绝缘最容易损坏，一般将伸出铁芯槽外部分的绝缘材料尺寸加倍折回，使槽外部分成为双层，以增强槽口绝缘。槽绝缘纸的结构形式，如图 1-37 所示。

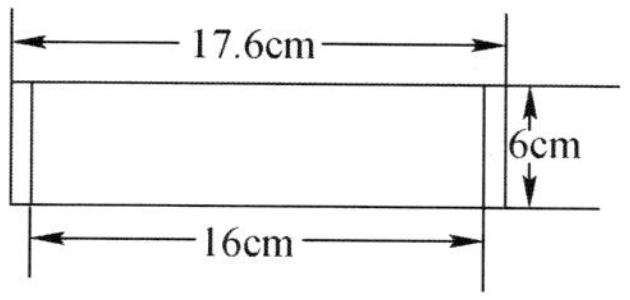

图 1-37 槽绝缘纸的结构

3. 嵌线工具

在嵌线过程中必须有专用工具，才能保证嵌线质量，提高工作效率。常用的工具有棰（木棰和小铁锤）、划线板（理线板）、压线板、剪刀、尖嘴钳等。

理线板的用途有两种：一是嵌线圈时把导线划进铁芯槽；二是用来整理已嵌进槽中的导线。理线板可用毛竹或层压塑料板在砂轮上自己磨削制作。一般长约 15～20cm，宽约 1.0～1.5cm，厚约 3mm。头端略尖，一端稍薄些，如刺刀形，表面须光滑。

4. 嵌线工艺

嵌线工艺的关键是保证绕组的位置和次序正确、绝缘良好。为使线圈按照正确的位置和次序嵌入定子槽内，嵌线前须弄清楚电机的极数、线圈节距、绕组型式和接线方法等，并检查槽绝缘放置是否合格，槽内是否清洁，要防止铁屑、油污、灰尘等物粘在绝缘材料和导线上，以保证嵌线质量。

（1）嵌线的理论分析。

三相异步电动机，定子槽数 $Z_1 = 24$ 槽，磁极数 $2p = 4$，每槽匝数为 100 匝，单层，600 相带，跨距采用短距式，单层链式绕组，绕组节距 $y = 5$。从以上已知条件可知：相数 $m = 3$，每极每相槽数 $q = 2$，槽距角 $\alpha = 30°$。

相带顺序列出各相所属槽号，如表 1-11 所示。

表 1-11　　　　　　　　　　　定子槽分配表

相序	U_1	W_2	V_1	U_2	W_1	V_2
N_1　S_1	1、2	3、4	5、6	7、8	9、10	11、12
N_2　S_2	13、14	15、16	17、18	19、20	21、22	23、24

（2）画出绕组展开图。

如图 1-38 所示，该电动机需 12 个绕组，每相 4 个，并且在接线时每相绕组按尾与尾相连、头与头相连的原则接线。

1）为了防止嵌线时线圈发生错乱，习惯上把电动机空壳定子有出线孔的一侧放在右手侧。嵌线时，也应注意使所有线圈的引出线从定子腔的出线孔一侧引出。

2）嵌线时，以出线盒为基准来确定第一槽位置。嵌线前先用右手把要嵌的线圈一条边捏扁，线圈边捏扁后放到槽口的槽绝缘中间，左手捏住线圈朝里插入槽内，应在槽口临时衬两张薄膜绝缘纸，以保护导线绝缘不被槽口擦伤，进槽后，取出薄膜绝缘纸，如果线圈边捏得好，一次就可以把大部分导线拉入槽内，剩下少数导线可用理线板划入槽内。导线进槽应按线圈的绕制顺序，不要使导线交叉错乱，槽内部分必须整齐平行，否则影响全

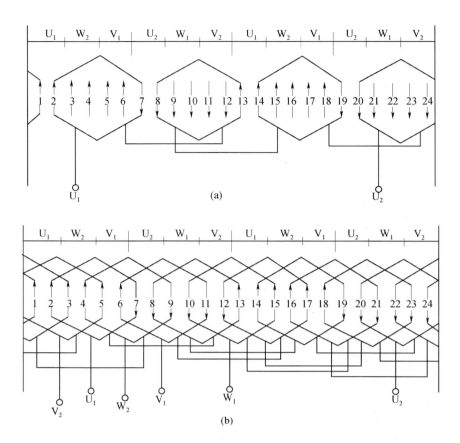

图 1-38 绕组展开图

(a) U 相绕组；(b) 三相绕组

部导线的嵌入，而且会造成导线间相擦而损伤绝缘。嵌线时，还要注意槽内绝缘是否偏移到一侧，防止露出的铁心与导线相碰，造成绕组通地故障。

3）嵌好一个线圈的一条线圈边后，另一条线圈边暂行吊起来，在下面垫一张纸，以免线圈边与铁壳相碰而擦伤绝缘。嵌好以后，再依次嵌入其他绕组，直到嵌完为止。在实际嵌线过程中，我们把最初安放的两个线圈称为起把线圈，要求隔槽放置。当嵌绕组的另一边时，我们称为覆槽。嵌线前，将绕组分三等份放好，依次为 U、W、V 三相。嵌线次序如下：

①选好第一槽位置，嵌 U 相一只绕组的一条有效边，另一有效边暂时不嵌，此过程简称为嵌 U_1 槽；

②隔一槽，即在第三槽，嵌 W 相绕组的一条边，另一边仍暂不嵌，称为嵌 W_3 槽；

③再隔一槽，即在第五槽，嵌 V 相绕组的一条边，即 V_5 槽，然后将另一边覆入 24槽，称为嵌 V_5 槽，覆入 24 槽；

④接着嵌线次序为：嵌 U_7 槽—覆入 2 槽，嵌 W_9 槽—覆入 4 槽，嵌 V_{11} 槽—覆入 6槽，嵌 U_{13} 槽—覆入 8 槽，嵌 W_{15}—覆入 10 槽，嵌 V_{17} 槽—覆入 12 槽，嵌 U_{19} 槽—覆入 14槽，嵌 W_{21} 槽—覆入 16 槽，嵌 V_{23} 槽—覆入 18 槽，最后将开头两只起把线圈的另一条有

效边分别进行覆槽，将 U_1 绕组覆入 20 槽，将 W_3 绕组覆入 22 槽，这样，嵌线即告完毕。

嵌线时须注意：绕组端部引线须放在一侧，同时边嵌线边放好相绝缘。

4）嵌线方法。先用右手把要嵌的线圈边捏扁，用左手捏住线圈的一端向相反方向扭转，如图 1-39 所示，使线圈的槽外部分略带扭绞形，以免线圈松散，使其顺利地嵌入槽内。

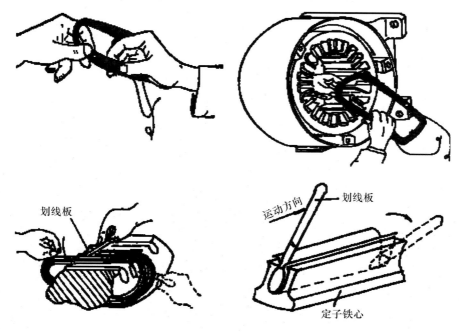

图 1-39　线圈捏法

线圈边捏扁后放到槽口的槽绝缘中间，左手捏住线圈朝里拉入槽内，如图 1-39 所示。如果槽内不用引槽纸，应在槽口临时衬两张薄膜绝缘纸，以保护导线绝缘不被槽口擦伤，线圈边入槽后，即可把薄膜绝缘纸取出。如果线圈边捏得好，一次就能将大部分导线拉入槽内，由于线圈扭绞了一下，使线圈内的导线变位，线圈端部有了自由伸缩的余地，对嵌线、整形都很便利，且易于平整服贴。否则，槽上部的导线势必拱起来，使嵌线困难。

5.封槽口

嵌线完毕后，把高出槽口的绝缘材料齐槽口剪平，把线压实，穿入盖槽纸，从一端把槽楔打入。

槽楔作用：用来压住槽内导线，防止绝缘和导线松动。

槽楔材料：一般用竹制成，也可用玻璃层布板做。竹槽楔应十分干燥并用变压器油煮透。

槽楔长度一般比槽绝缘短 2～3mm，其端面呈梯形，厚度为 3mm 左右，两端的棱角应该去掉。同槽绝缘接触的一面要光滑，以免在槽楔插入槽内时损坏槽绝缘，盖槽纸尺寸如图 1-40 所示。

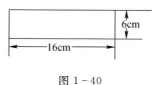

图 1-40

学习任务二
立式钻床电气控制线路的安装与调试

【学习目标】

（1）能识读原理图，明确常见低压电器的图形符号、文字符号，控制器件的动作过程、控制原理。

（2）能识读安装图、接线图，明确安装要求，确定元器件、控制柜、电动机等安装位置，确保正确连接线路。

（3）能识别和选用元器件，核查其型号与规格是否符合图纸要求，并进行外观检查。

（4）能按图纸、工艺要求、安全规范和设备要求安装元器件，按图接线，实现控制线路的正确连接。

（5）能用仪表进行测试检查，验证电路安装的正确性，能按照安全操作规程正确通电试车。

（6）能正确标注有关控制功能的铭牌标签。

（7）按照"6S"管理规定，整理工具，清理施工现场。

【任务要求】

（1）明确工作任务。

（2）元器件的学习。

（3）勘查施工现场，识读电气控制电路图。

（4）制订工作计划，列举元器件和材料清单。

（5）现场施工。

（6）施工项目验收。

（7）工作总结与评价。

【建议课时】

44 课时。

【工作情境描述】

为了满足实训需要，我校要为实训楼的 10 个实训室均配置立式钻床一台，机加工车间有闲置钻床，但电气控制部分严重老化无法正常工作，需进行重新安装。我班接受此任务，要求在规定期限完成安装、调试，并交有关人员验收。

图 2-1　立式钻床

学习活动1 明确工作任务

学习目标：

（1）能阅读"立式钻床电气控制线路的维修"工作任务单。

（2）能明确工时、工艺要求。

（3）能明确个人任务要求。

（4）能明确钻床的作用及运动形式。

学习地点：教室。

学习课时：2课时。

一、阅读设备维修联系单，回答问题（见表2-1）

表2-1   设备维修联系单

保修部门		班组		保修时间		年　月　日
设备名称		型号		设备编号		
送修人			联系电话			
故障现象						
故障排除记录						
备注						
维修时间			计划工时			
维修人		日期		年　月　日		
验收人		日期		年　月　日		

（1）该项工作计划占用多少工时？什么时间开始？什么时间结束？什么时间验收？

_____

（2）该项工作的具体内容是什么？

_____

（3）该项工作由谁负责？参与人有谁？

_____

（4）使用工作任务单的作用是什么？

_____

（5）该项工作完成后交给谁验收？

_____

（6）该项工作怎样才算完成？

_____

二、观察钻床，了解立式钻床的使用方法、结构组成及运动形式

（1）你知道立式钻床的作用吗？

_____

（2）立式钻床中有哪些运动形式？

_____

（3）你知道钻床的电气部分是如何控制的？

_____

·提示

钻床主要指用钻头在工件上加工孔（如钻孔、扩孔、铰孔、攻丝、锪孔等）的机床，是机械制造和各种修配工厂必不可少的设备。加工过程中工件不动，让刀具移动，将刀具中心对正孔中心，并使刀具转动（主运动）。钻床的特点是工件固定不动，刀具做旋转运动，并沿主轴方向进给，操作可以是手动，也可以是机动。

根据用途和结构钻床主要分为以下几类：

（1）立式钻床：工作台和主轴箱可以在立柱上垂直移动，用于加工中小型工件。

（2）台式钻床：一种小型立式钻床，最大钻孔直径为12～15mm，安装在钳工台上使用，多为手动进钻，常用来加工小型工件的小孔等。

（3）摇臂钻床：主轴箱能在摇臂上移动，摇臂能回转和升降，工件固定不动，适用于加工大而重和多孔的工件，广泛应用于机械制造中。

三、理解设备维修联系单，完成自我评价（见表 2-2）

表 2-2 自我评价表

序号	项目	自 我 评 价		
		10～8	7～6	5～1
1	学习兴趣			
2	正确理解工作任务			
3	遵守纪律			
4	学习主动性			
5	学习准备充分、齐全			
6	协作精神			
7	时间观念			
8	仪容仪表符合活动要求			
9	语言表达规范			
10	工作效率及工作质量			
总　评				
		体会		

四、查找资料

请各组同学通过多媒体、网络、书籍等资料查找台式钻床、立式钻床的型号、机械加

工时的作用，并做好记录。

各组展示收集到的台式钻床、立式钻床的型号，说明机械加工时的作用及运动形式。

五、教师点评

（1）找出各组的优点点评。

（2）展示过程中的不足之处点评，改进方法。

（3）整个任务中出现的亮点和不足之处。

学习活动 2　元器件的学习

学习目标：

（1）认识本任务所用低压电器，了解它们的结构、工作原理、用途、型号及应用场合。

（2）能准确识读电器元件符号。

（3）能对电器元件进行检测。

学习地点：教室。

学习课时：8 课时。

一、回答相关问题，完成学习过程

·引导问题

（1）什么是低压电器，举出你所知道的电器？

_____

（2）低压电器是如何分类的？

_____

·提示

低压电器是指工作电压在交流 1200V、直流 1500V 以下的各种电器以及电气设备。低压电器在工业电气控制系统电路中的主要作用是对所控制的电路或电路中其他的电器进行通断、保护、控制或调节。

低压电器根据其控制对象的不同，分为配电电器和控制电器两大类。

·引导问题

（3）如何选用开启式负荷开关？

_____

（4）组合开关的用途有哪些？如何选用？

_____

（5）画出负荷开关、组合开关图形符号，并注明文字符号。

_____

·提示

接触器在电力拖动自动控制线路中被广泛应用，主要用于控制电动机等。它能频繁地通断交直流电路，可实现被控线路远距离自动控制。它具有低电压释放保护功能。接触器有交流接触器和直流接触器两大类型。

· 引导问题

（6）交流接触器在电路中的作用？

_____

（7）交流接触器主要由哪几部分组成？接触器的哪些电器元件需接在线路中？画出接触器的图形符号。

_____

（8）选用接触器主要考虑哪几个方面？

_____

（9）交流接触器的电压过高或过低为什么都会造成线圈过热而烧毁？

_____

· 提示

继电器用于将某种电量（如电压、电流）或非电量（如温度、压力、转速、时间等）的变化量转换为开关量，以实现对电路的自动控制功能。继电器的种类很多，按输入量可分为电压继电器、电流继电器、时间继电器、速度继电器、压力继电器等；按用途可分为控制继电器、保护继电器等。

热继电器主要用于电动机的过载保护。它是一种利用电流热效应原理工作的电器，它具有与电动机容许过载特性相近的反时限动作特性，主要与接触器配合使用，用于对三相异步电动机的过载和断相保护。

三相异步电动机在运行中，常因电气或机械原因引起过电流（过载和断相）现象。如果过电流不严重，持续时间短，绕组不超过允许温升，这种过电流是允许的；如果过电流情况严重，持续时间较长，会加快电动机绝缘老化，甚至烧毁电动机。因此，电动机应设置过载保护装置。常用过载保护装置种类很多，但使用最多、最普遍的是双金属片式热继电器。目前，双金属片式热继电器均为三相式，有带断相保护和不带断相保护两种。

双金属片是两种热膨胀系数不同的金属用机械方法使之形成一体的金属片。由于两种热膨胀系数不同的金属紧密地贴合在一起。当电流产生热效应时，使得双金属片向膨胀系数小的一侧弯曲，由弯曲产生的位移带动触头动作。

热元件串接于电动机的定子电路中，通过热元件的电流就是电动机的工作电流。当电动机正常运行时，其工作电流通过热元件产生的热量不足以使双金属片变形，热继电器不会动作。当电动机发生过电流且超过允许值时，双金属片的热量增大而发生弯曲，经过一定时间后，使触点动作，通过控制电路切断电动机的工作电源。同时，热元件也因失电而逐渐降温，经过一段时间的冷却，双金属片恢复到原来状态。

热继电器动作电流的调节是通过旋转调节旋钮来实现的。旋转调节旋钮可以改变传动杆和动触点之间的传动距离，距离越长动作电流就越大，反之动作电流就越小。复位方式有自动复位和手动复位两种，将复位螺钉旋入，使常开的静触点向动触点靠近，在双金属片冷却后动触点也返回，为自动复位方式。如将复位螺钉旋出，触点不能自动复位，为手动复位置方式。在手动复位置方式下，需在双金属片恢复状时按下复位按钮才能使触点复位。

二、检测各种元器件，填写表 2 - 3

表 2 - 3   元器件列表

电器元件名称	符号	测量方法	测量值	判断好坏

检查元件的质量。

仔细观察不同系列规格的电器，熟悉它们的外形、型号及主要技术参数，熟悉它们的结构，认清主触点、辅助常开触点和常闭触点、线圈的接线柱等。

在未通电的情况下，用万用表检查各触点的分、断情况是否良好。检验接触器时，应拆卸灭弧罩，用手同时按下三副主触点并用力均匀。

三、查找资料

通过网络收集，或走访低压电器生产厂家、商店和使用单位，你会认识更多的刀开关、熔断器、接触器、按钮、继电器，了解电器实物的各种知识，对正确选用低压电器有较大的帮助。

各组展示收集到的各种低压电器（实物或图片），分别介绍它们的作用。

四、教师点评

（1）找出各组的优点点评。

（2）展示过程中的不足点评，改进方法。

（3）点评整个任务中出现的亮点和不足，填写表 2 - 4。

表 2 - 4   学习活动评分表

评分项目	评价指标	标准分	评　分
条理性	工作计划制定是否有条理	20	
完善性	工作计划是否全面、完善	20	
信息检索	信息检索是否全面	20	
工具与材料清单	是否完整	20	
团结协作	小组成员是否团结协作	20	

学习活动 3   勘查设备现场，识读电气控制电路图

学习目标：电气控制原理图的绘制规则；会分析电气原理图；能画出接线图。

学习地点：设备现场。

学习课时：12 学时。

一、回答相关问题，完成学习过程

· 引导问题

（1）什么是电气原理图？在电气原理图中，电源电路、主电路、控制电路、指示电路和照明电路一般怎么布局？

_____

（2）电气原理图中，怎样判别同一电器的不同元件？

_____

· 提示

电气原理图是根据生产机械运动形式对电气控制系统的要求，采用国家统一规定的电气图形符号和文字符号，按照电气设备和电器的工作顺序排列，全面表示控制装置、电路的基本构成和连接关系而不考虑实际位置的一种图形，它能全面表达电气设备的用途、工作原理，是设备电气线路安装、调试及维修的依据。

在电气原理图中，电器元件不画实际的外形图，而采用国家统一规定的电气符号表示。电气符号包括图形符号和文字符号。电器元件的图形符号是用来表示电气设备、电器元器件的图形标记，电器元件的文字符号在相对应的图形符号旁标注的文字，用来区分不同的电器设备、电器元器件或区分多个同类设备、电器元器件，电气符号按国家标准（如国家标准 GB 4728—2005《电气简图用图形符号》）绘制。

电气控制原理图（又称电路图），一般分为电源电路、主电路、辅助电路三部分。

电源电路：水平画出，三相交流电源相序 L_1、L_2、L_3 自上而下画出，如有中线 N 和保护线 PE 依次画在相线之下，直流电源自上而下画"＋""—"。电源开关要水平画出。

主电路：电气控制电路中大电流通过的部分，是电源向负载提供电能的电路，它主要由熔断器、接触器的主触点、热继电器的热元件以及电动机等组成。

辅助电路：一般包括控制主电路工作状态的控制电路、显示主电路工作状态的指示电路、提供机床设备局部照明的照明电路等。一般由主令电器的触头、接触器的线圈和辅助触头、继电器的线圈和触头、指示灯及照明灯等组成。通常，辅助电路通过的电流较小，一般不超过 5A。

绘制、识读电气原理图应遵循的规则：

（1）电路图中主电路画在图的左侧，其连接线路用粗实线绘制；控制电路画在图的右侧，其连接线路用细实线绘制；

（2）所使用的各电器元件必须按照国家规定的统一标准的图形符号和文字符号进行绘制和标注；

（3）各电器元件的导电部件如线圈和触点的位置，应根据便于阅读和分析的原则来安排，绘在它们完成作用的地方，如接触器、继电器的线圈和触点可以不画在一起；

（4）所有电器的触点符号都应按照没有通电时或没有外力作用下的原始状态绘制；

（5）电气原理图中，有直接联系的交叉导线连接点要用黑圆点表示；无直接联系的交叉导线连接点不画黑圆点；

（6）图面应标注出各功能区域和检索区域；

（7）根据需要可在电路图中各接触器或继电器线圈的下方，绘制出所对应的触点所在位置的位置符号图。

二、分析图 2-2 中电路的工作原理，回答问题

（1）本电路实现的功能是什么？

_____

（2）电路工作原理分析。

_____

_____

（3）什么叫自锁控制？怎样实现？

_____

（4）什么是欠电压保护？为什么说接触器自锁控制线路具有欠电压保护作用？

_____

（5）什么是过载保护？为什么对电动机要采用过载保护？

_____

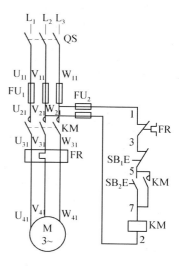

图 2-2　电路工作原理图

（6）在电动机控制线路中，短路保护和过载保护各由什么电器来完成？他们能否相互代替使用？为什么？

_____

·提示

电气图纸的类型有以下几种：

（1）电气原理图是将电器元件以展开的形式绘制而成的一种电气控制系统图样，包括所有电器元件的导电部件和接线端点。电气原理图并不按照电器元件的实际安装位置来绘制，也不反映电器元件的实际外观及尺寸。

其作用是便于操作者详细了解其控制对象的工作原理，用以指导安装、调试与维修以及为绘制接线图提供依据，如图 2-3 所示。

线路和三相电气设备端标记原则：

1）线路采用字母、数字、符号及其组合标记；

2）三相交流电源采用 L_1、L_2、L_3 标记，中性线采用 N 标记；

3）电源开关之后的三相交流电源主电路分别按 U、V、W 顺序标记；

4）分级三相交流电源主电路采用三相文字代号 U、V、W 后加上阿拉伯数字 1、2、3 等来标记，如 U_1、V_1、W_1 及 U_2、V_2、W_2 等；

5）控制电路采用阿拉伯数字编号，一般由三位或三位以下的数字组成；

6）标记方法按"等电位"原则进行；

7）在垂直绘制的电路中，标号顺序一般由上至下编号；凡是被线圈、绕组、触点或电阻、电容元件所间隔的线段，都应标以不同的阿拉伯数字来做为线路的区分标记。

（2）电器布置图（电器元件位置图）主要是用来表明电气系统中所有电器元器件的实际位置，为生产机械电气控制设备的制造、安装提供必要的资料。一般的情况下，电器布置图是与电器安装接线图组合在一起使用的，既起到电器安装接线图的作用，又能清晰表

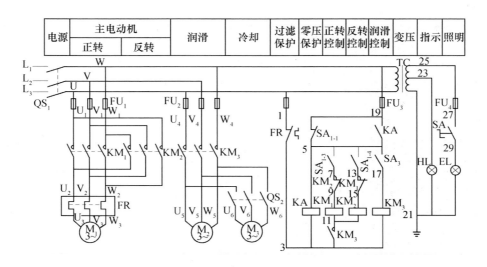

图 2-3 立式钻床电气原理图

示出所使用的电器的实际安装位置，如图 2-4 所示。

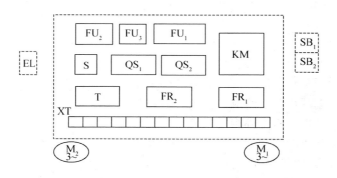

图 2-4 电器布置图

电器元件布置图的绘制规则：

1）体积大和较重的电器元件应安装在电器板的下面，而发热元件应安装在电器板的上面；

2）强电弱电分开并注意屏蔽，防止外界干扰；

3）电器元件的布置应考虑整齐、美观、对称，外形尺寸与结构类似的电器安放在一起，以利加工、安装和配线；

4）需要经常维护、检修、调整的电器元件安装位置不宜过高或过低；

5）电器元件布置不宜过密，若采用板前走线槽配线方式，应适当加大各排电器间距，以利布线和维护。

（3）电器安装接线图是用规定的图形符号，按各电器元件相对位置绘制的实际接线图。图 2-5 所示为各电器元件的相对位置和它们之间的电路连接状况。在绘制时，不但要画出控制柜内部各电器元件之间的连接方式，还要画出外部相关电器的连接方式。

电器安装接线图中的回路标号是电器设备之间、电器元件之间、导线与导线之间的连接标记，其文字符号和数字符号应与原理图中的标号一致。

电器安装接线图的绘制规则：

1）各电器元件用规定的图形符号绘制，同一电器元件的各部件必须画在一起。各电器元件在图中的位置应与实际的安装位置一致；

2）不在同一控制柜或配电屏上的电器元件的电气连接必须通过端子排进行连接。各电器元件的文字符号及端子排的编号应与原理图一致，并按原理图的连线进行连接；

3）走向相同的多根导线可用单线表示。

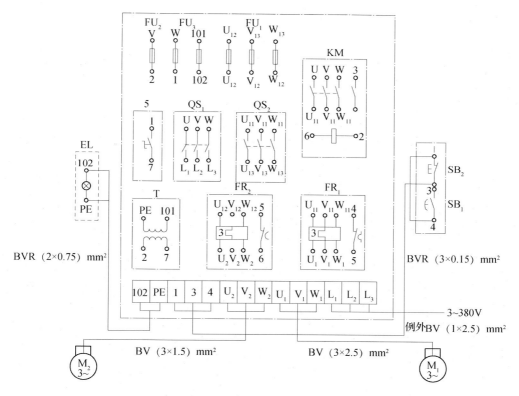

图 2-5 电器安装接线图

（4）电器元器件明细表是把成套装置、设备中的各组成元器件（包括电动机）的名称、型号、规格、数量列成表格，供准备材料及维修使用。

三、分析钻床电气原理图，回答问题

对照图 2-3 中的电路符号写出各个部件的名称。

_____

_____

_____

四、实测钻床电源开关、电气控制箱、按钮等的实际位置，画出电器布置图

（1）勘查设备现场的具体内容和方法。

_____

_____

（2）勘查施工现场应注意哪些方面。

_____

_____

表 2-5   学习活动评分表

评分项目	评价指标	标准分	评分
原理图	能否根据原理图分析电路的功能	20	
现场勘查	能否勘察现场，做好测绘记录	20	
主电路及接线图	能否正确绘制、标注主电路及接线图	20	
查阅资料	能否根据实际查阅钻床相关资料	20	
团结协作	小组成员是否团结协作	20	

学习活动 4   制订工作计划，列出元器件和材料清单

学习目标：能根据任务要求，制定工作计划，列举所需材料清单。

学习地点：设备现场。

学习课时：4 学时。

一、根据任务要求，制订小组工作计划，并对小组成员进行分工

_____

_____

_____

_____

二、请列举本任务的工具清单

_____

_____

_____

三、请列举本任务的材料清单，如表 2-6 所示

表 2-6　　　　　　　　　　　　　　材料清单

符　号	名　称	型　号	规　格	数　量	用　途

· 提示

1. 接触器的选择

（1）根据负载性质选择接触器的类型。通常交流负载选择交流接触器、直流负载选择直流接触器。如果用交流接触器控制直流负载（灭弧困难），要提高一个等级选配交流接触器。

（2）接触器主触点的额定电压应大于或等于主电路工作电压。

（3）接触器主触点的额定电流应大于或等于被控电路的额定电流。对于电动机，还应根据其运行方式（频繁起动、制动及正反转）降低一个等级使用。

（4）吸引线圈的额定电压与频率要与所在控制电路的选用电压和频率相一致。控制线路简单时，直接选用 380V 或 220V 的电压。控制线路复杂时（使用电器超过 5h）可选用 127V、110V 或更低电压的线圈。

2. 熔断器的选择

（1）对电流较平稳（无冲击电流）的被控负载作短路保护时，熔体的额定电流应等于或稍大于负载的额定电流。

（2）对单台不频繁起动、起动时间不长的电动机作短路保护时，熔体的额定电流应大于或等于电动机额定电流的 1.5～2.5 倍。

（3）对单台频繁起动或起动时间较长的电动机作短路保护时，熔体的额定电流应大于或等于电动机额定电流的 3～3.5 倍。

（4）对多台电动机作短路保护时，熔体的额定电流应大于或等于最大一台电动机的额定电流的 1.5～2.5 倍，再加上其余电动机额定电流的总和。

（5）熔断器额定电压必须等于或大于线路的额定电压，熔断器额定电流必须等于或大于所配熔体的额定电流。同时熔断器的分断能力应大于电路中可能出现的最大短路电流。

3. 按钮的选择原则

选用按钮时应根据使用场合、被控电路所需触点数目、动作结果的要求、动作结果是否显示及按钮帽的颜色等方面的要求综合考虑。

（1）根据使用场合，选择控制按钮的种类，如开启式、防水式、防腐式等。

（2）根据用途，选用合适的型式，如钥匙式、紧急式、带灯式等。

（3）按控制回路的需要，确定不同的按钮数，如单钮、双钮、三钮、多钮等。

（4）按工作状态指示和工作情况的要求，选择按钮及指示灯的颜色。

四、教师点评

（1）找出各组的优点点评。

（2）对过程中的不足进行点评，改进方法。

（3）指出整个任务中出现的亮点和不足。

表 2-7 学习活动评分表

评分项目	评价指标	标准分	评　分
条理性	工作计划制定是否有条理	20	
完善性	工作计划是否全面、完善	20	
信息检索	信息检索是否全面	20	
工具与材料清单	是否完整	20	
团结协作	小组成员是否团结协作	20	

学习活动5　现场施工

学习目标：正确安装电动机单向运转控制线路；正确安装电动机正反转控制线路；会用万用表进行电路检测。

学习地点：设备现场。

学习课时：12 学时。

一、回答相关问题，完成学习过程

简述电动机单向运转电路安装的一般步骤。

_____

二、根据钻床电气原理图，画出电气安装接线图，并按电气安装接线图进行电动机单向运转控制线路的安装

·引导问题

简述板前明线布线的工艺要求。

_____

_____

·提示

1. 安装工艺要求

（1）接触器安装应垂直于安装面，安装孔用螺钉应加弹簧垫圈和平垫圈。安装倾斜度不能超过5°，否则会影响接触器的动作特性。接触器散热孔置垂直方向上，四周留有适当空间。安装和接线时，注意不要将螺钉、螺母或线头等杂物落入接触器内部，以防人为造成接触器不能正常工作或烧毁。

（2）按布置图在控制板上安装电器元器件，断路器、熔断器的受电端子应安装在控制板的外侧，并确保熔断器的受电端为底座的中心端。

（3）各元器件的安装位置应整齐、匀称，间距合理，便于元器件的更换。

（4）紧固各元器件时，用力要均匀，紧固程度适当。在紧固熔断器、接触器等易碎元器件时，应该用手按住元器件一边轻轻摇动，一边用旋具轮流旋紧对角线上的螺钉，直到手摇不动后，再适当加紧旋紧些即可。

2. 板前明线布线工艺要求

布线时，应符合平直、整齐、紧贴敷设面、走线合理及接点不得松动等要求。其原则是：

（1）布线通道要尽可能少，同路并行导线按主电路、控制电路分类集中，单层密排，紧贴安装面布线。

（2）同一平面的导线应高低一致或前后一致，不能交叉。非交叉不可时，该根导线应在接线端子引出时就水平架空跨越，且必须走线合理。

（3）布线应横平竖直，分布均匀。变换走向时应垂直转向。

（4）布线时严禁损伤线芯和导线绝缘。

（5）布线顺序一般以接触器为中心，由里向外、由低至高、先控制电路后主电路的顺序进行，以不妨碍后续布线为原则。

（6）在每根剥去绝缘层导线的两端套上编码套管。所有从一个接线端子（或接线桩）到另一个接线端子（或接线桩）的导线必须连续，中间无接头。

（7）导线与接线端子或接线桩连接时，不得压绝缘层、不反圈及不露铜过长。同一元件、同一回路的不同接点的导线间距离应保持一致。

（8）一个电器元件接线端子上的连接导线不得多于两根，每节接线端子板上的连接导线一般只允许连接一根。

四、自检

安装完毕后进行自检。

· 引导问题

（1）如何用万用表进行自检，判断线路基本正确，是否可以通电试验？

_____

（2）写出自检过程。

_____

· 提示

按电路图或接线图从电源端开始自检，逐段核对接线及接线端子处线号是否正确，有无漏接、错接之处。检查导线接点是否符合要求，压接是否牢固。同时注意接点接触应良好，以避免带负载运转时产生闪弧现象。

用万用表检查线路的通断情况。检查时，应选用倍率适当的电阻挡，并进行校零，以防发生短路故障。

对控制电路的检查（断开主电路），可将表棒分别搭在 V_{21}、W_{21} 线端上，读数应为"∞"。按下 SB 时，读数应为接触器线圈的直流电阻值。然后断开控制电路，再检查主电路有无开路或短路现象，此时，可用手动来代替接触器通电进行检查。

用兆欧表检查线路的绝缘电阻的阻值应不得小于 $1M\Omega$。

五、钻床整体电气控制线路的完成

（1）钻床电源如何连接？

_____

(2) 按钮如何连接?

(3) 该工作任务完成后,怎样张贴标签? 标签内容?

(4) 如何进行通电试车?

(5) 清理现场的方法和内容。

·提示

通电试车工艺要求:

(1) 为保证人身安全,在通电校验时,要认真执行安全操作规程的有关规定,一人监护,一人操作。校验前,应检查与通电核验有关的电气设备是否有不安全的因素存在,若查出应立即整改,然后方能试车。

(2) 通电试车前,必须征得教师的同意,并由指导老师接通三相电源 L1、L2、L3,同时在现场监护。学生合上电源开关 QF 后,检查熔断器出线端,是否有电压。按下 SB,观察接触器情况是否正常,是否符合线路功能要求,电器元件的动作是否灵活,有无卡阻及噪声过大等现象,电动机运行情况是否正常等。但不得对线路接线是否正确进行带电检查。观察过程中,若发现有异常现象,应立即停车。

(3) 试车成功率以通电后第一次按下按钮时计算。

(4) 如出现故障后,学生应独立进行检修。若需带电检查时,老师必须在现场监护。检修完毕后,如需要再次试车,老师也应该在现场监护,并做好时间记录。

(5) 通电校验完毕,切断电源。

请各组同学通过多媒体、网络收集资料,画出正反转控制线路电路图、安装接线图,列出元器件材料清单,完成线路安装。每组请同学展示,并说明电路的作用。

评分表,如表 2-8 所示。

表 2-8 学习活动评分表

评分项目	评价指标	标准分	评 分
接线工艺	接线是否符合工艺,布线是否合理	20	
系统自检	施工完毕能否正确进行自检	10	
通电调试	能否按要求调试并实现控制要求	40	
系统检修	出现问题能否用万用表检修系统并修改错误,直至满足控制要求	10	
安全施工	是否做到了安全施工	10	
现场清理	是否能清理现场	10	

学习活动 6 施工项目验收

学习目标:能正确填写任务单的验收项目,并交付验收。

学习地点:设备现场。

学习课时:2 学时。

一、请根据工作任务单的验收项目，描述验收工作的内容

工作任务单验收项目见表2-9。

表2-9　　　　　　　　　　　　工作任务单验收项目

验收项目	维修人员工作态度是否端正：是■　　否□ 本次维修是否已解决问题：是■　　否□ 是否按时完成：是■　　否□ 客户评价：非常满意□　　基本满意■　　不满意□ 客户意见或建议 _____ _____		
	用户单位确认签字		确认时间	

· 引导问题

（1）工作任务完成后，你应该与谁进行沟通？

_____

（2）本次任务是为了解决什么问题？是否已解决？

_____

（3）如果用户不肯签字，你应该怎样处理？

_____

（4）你认为验收事项重要吗？为什么？

_____

以情景模拟的形式，学生扮演角色，安排学生进行项目验收。

按照工作任务单中验收的条件自行设计符合学校活动实际情况的验收项目。

· 提示

设备的电气系统随时间的增长，会出现一些不正常现象，系统各性能指标下降或部分失去，平时维修工作量大，故障率高，相应降低了生产效率，为此到一定时限需进行设备的大修，以恢复其原性能，从而延长设备的使用寿命，充分利用设备的价值。

设备完好的标准：电气系统装置齐全，管线完好，性能灵敏、运行可靠。

学习活动6评分表如表2-10所示。

表2-10　　　　　　　　　　　　学习活动6评分表

评分项目	评价指标	标准分	评　分
接线工艺	接线是否符合工艺，布线是否合理	20	
系统自检	施工完毕能否正确进行自检	10	
通电调试	能否按要求调试并实现控制要求	30	
系统检修	出现问题能否用万用表检修系统并修改错误，直至满足控制要求	10	
安全施工	是否做到了安全施工	20	
现场清理	是否能清理现场	10	

学习活动 7　工作总结和评价

学习目标：按小组进行工作总结和评价。

学习地点：教室。

学习课时：2 学时。

一、请根据任务完成情况，用自己的语言描述具体的工作内容

（1）明确工作任务时遇到了什么问题，怎样解决的？

_____

（2）元器件的学习和测量学习时遇到什么问题，怎样解决？

_____

（3）制订工作计划，列举工具和材料清单时遇到了什么问题，怎样解决？

_____

（4）现场施工时遇到什么问题，怎样解决？

_____

（5）施工项目验收时遇到什么问题，怎样解决？

_____

二、小组完成工作总结

_____

_____

三、汇报成果

以小组形式分别进行汇报、展示，通过演示文稿、现场操作、展板、海报、录像等形式，向全班展示、汇报学习成果。

四、评价

评价表如表 2-11 所示。

表 2-11　　　　　　　　　　　　　评价表

序号	项　目	自我评价			小组评价			教师评价		
		10～8	7～6	5～1	10～8	7～6	5～1	10～8	7～6	5～1
1	学习兴趣									
2	任务明确程度									
3	现场勘查效果									
4	学习主动性									
5	承担工作表现									
6	协作精神									
8	质量成本意识									
9	安装工艺规范									
10	创新能力									
	总评									

学习活动7评分表如表2－12所示。

表 2－12　　　　　　　　　　　　　　学习活动评分表

评分项目	评价指标	标准分	评 分
条理性	工作计划制定是否有条理	20	
完善性	工作计划是否全面、完善	20	
信息检索	信息检索是否全面	20	
工具与材料清单	是否完整	20	
团结协作	小组成员是否团结协作	20	

学习任务三

CA6140 型车床电气控制电路的安装、调试与检修

【学习目标】

（1）CA6140 型车床电气控制电路的安装。

（2）CA6140 型车床电气控制电路的检修。

【建议课时】

60 课时。

【工作情境描述】

某机床厂需要对 CA6140 型车床电气控制线路进行安装，维修电工班接此任务，要求在规定期限完成安装、调试，交有关人员验收。

学习活动 1 参观 CA6140 型车床

学习目标：通过现场参观 CA6140 型车床实物，观察 CA6140 型车床实际工作状况，明确 CA6140 型车床的主要结构、运动形式和操作方法。

学习地点：设备现场。

学习课时：4 课时。

一、组织学生参观

教师将学生集中后，明确参观的目的和任务，组织学生穿戴好工作服、绝缘鞋，请现场工作人员讲解参观时的安全注意事项，然后以小组为单位，在工作人员的引导下进入设备现场参观，并做好记录。

为便于加深对车床的结构、运动形式、控制特点的认识，熟悉车床电气控制元件及其在车床中的位置，观摩的主要内容有：

（1）车床的主要组成部件的识别（主轴箱、主轴、进给箱、丝杠与光杆、溜板箱、刀架等）。

（2）通过车床的切削加工演示观察车床的主运动、进给运动及刀架的快速运动，注意观察各种运动的操纵、电动机的运转状态及传动情况。

（3）观察冷却泵电动机的工作情况，注意冷却泵与主轴之间的联锁。

（4）观察各种元器件的安装位置及其配线。

（5）在教师指导下进行车床起动、快速进给操作。

CA6140车床是一种应用极为广泛的金属切削通用机床，能够车削外圆、内圆、端面、螺杆、切断、割槽以及车削定型表面等，并可以装上钻头或铰刀进行钻孔和铰孔等加工。但CA6140车床自动化程度低，适于小批量生产及修配车间使用。

图3-1为CA6140型车床的外形及结构。它主要由床身、主轴箱、进给箱、溜板箱、刀架、卡盘、尾架、丝杠和光杠等部分组成。

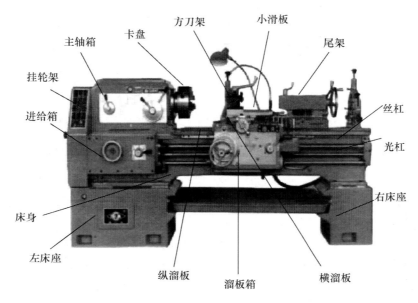

图3-1　CA6140型车床的外形及结构

CA6140型车床型号的意义：

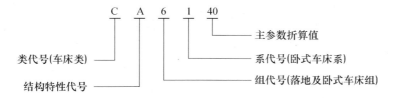

二、CA6140型车床的主要运动形式及控制要求

表3-1　　　　　　　　　　CA6140型车床的主要运动形式及控制要求

运动种类	运动形式	控　制　要　求
主运动	主轴通过卡盘或顶尖带动工件的旋转运动	（1）主轴电动机选用三相笼型异步电动机，不进行调速，主轴采用齿轮箱进行机械有级调速 （2）车削螺纹时要求主轴有正反转，一般由机械方法实现，主轴电动机只单向旋转 （3）主轴电动机的容量不大，可直接起动

运动种类	运动形式	控 制 要 求
进给运动	刀架带动刀具的直线运动	进给运动也由主轴电动机拖动，主轴电动机的动力通过挂轮箱传递给进给箱来实现刀具的纵向和横向进给。加工螺纹时，要求刀具移动和主轴转动有固定的比例关系
辅助运动	刀架的快速移动	由刀架快速移动电动机拖动，该电动机可直接起动，也不需要正反转和调整
	尾架的纵向移动	由手动操作控制
	工件的夹紧与放松	由手动操作控制
	加工过程的冷却	冷却泵电动机和主轴电动机要实现顺序控制，冷却泵电动机也不需要正反转和调整

（1）CA6140 型车床为我国自行设计制造的普通车床，它与早期的 C620－1 型车床相比，具有性能优越、结构先进、操作方便和外形美观等优点。

（2）普通车床有两个主要的运动部分：一是卡盘或顶尖带着工件的旋转运动，也就是车床主轴的运动；另外一个是溜板带着刀架的直线运动，称为进给运动。

（3）车床工作时，绝大部分功率消耗在主轴上面。

（4）车床的切削运动包括工件旋转的主运动和刀具的直线进给运动。根据工件的材料性质、车刀材料及几何形状、工件直径、加工方式及冷却条件的不同，要求主轴有不同的切削速度。主轴变速是由主轴电动机经皮带传递到主轴变速箱来实现的。CA6140 型车床的主轴正转速度有 24 种（10～1400r/min），反转速度有 12 种（14～1580r/min）。

（5）采用齿轮箱进行机械有级调速。为减小振动，主拖动电动机通过几条三角皮带将动力传递到主轴箱。

（6）刀架移动和主轴转动有固定的比例关系，以便满足对螺纹的加工需要。这由机械传动保证，对电气方面无任何要求。

（7）车削加工时，刀具及工件温度过高，有时需要冷却，因而应该配有冷却泵。且要求在主拖动电动机起动后，冷却泵方可选择起动与否，而当主拖动电机停止时，冷却泵应立即停止。

（8）必须有过载、短路、欠电压保护。

（9）具有安全的局部照明装置。

参观后要求弄明白以下问题，并自检本学习目标完成情况。

（1）通过现场参观，你看到 CA6140 型车床由哪些部件组成？

_____

_____

（2）CA6140 型车床可以进行哪些机械加工？

_____

_____

（3）"CA6140 型车床"的型号意义是如何规定的？

_____

_____

（4）CA6140 型车床的主运动是什么？如何操作？

_____

_____

（5）CA6140 型车床的进给运动是什么？如何操作？

_____

_____

_____

（6）CA6140 型车床的辅助运动是什么？如何操作？

_____

学习活动 2　识读原理图、安装图、接线图

学习目标：能识读原理图，明确常见低压电器的图形符号、文字符号，了解各控制器件的动作过程、明确控制原理；能识读安装图、接线图，明确安装要求，确定元器件、控制柜、电动机等安装位置。

学习地点：实训教室。

学习课时：12 课时。

一、电路图基本知识

分析机床电气控制电路时，首先应了解机床的结构、运动形式、加工工艺过程、操作方法和机床对电气控制的基本要求、必要的保护和联锁，再根据控制电路及相关说明来分析各运动形式是如何实现的。

（1）电路图是根据生产机械运动形式对电气控制系统的要求，采用国家统一规定的图形符号和文字符号，按照电气设备和电器的工作顺序排列，详细表示电路、设备或成套装置的全部基本组成和连接关系的一种简图。它不涉及电器元件的结构尺寸、材料选用、安装位置和实际配线方法。

电路图能充分表达电气设备和电器的用途、作用及线路的工作原理，是电气线路安装、调试和维修的理论依据。

（2）主电路是指受电的动力装置及控制、保护电器的支路等，是电源向负载提供电能的电路。

（3）辅助电路一般包括控制主电路工作状态的控制电路、显示主电路工作状态的指示电路、提供机床设备局部照明的照明电路等。

（4）连接线：在电气图中，导线、电缆线、信号通路及元器件、设备的引线均称为连接线。

二、绘制和识读机床电路图的基本知识

机床电气原理图（见图 3 - 2）所包含的电器元件和电气设备等符号较多，要正确绘

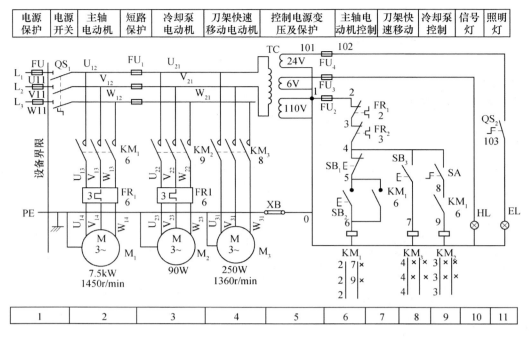

电源保护	电源开关	主轴电动机	短路保护	冷却泵电动机	刀架快速移动电动机	控制电源变压及保护	主轴电动机控制	刀架快速移动	冷却泵控制	信号灯	照明灯

1	2	3	4	5	6	7	8	9	10	11

图 3-2　CA6140 型车床的电气控制线路图

制和阅读机床电气原理图，除绘制电气原理图应遵循的一般原则之外，还要对整张图样进行划分和注明各分支路的用途及接触器、继电器等的线圈与受其控制的触头所在位置的表示方法。

1. 图上位置的表示方法

对符号或元件在图上的位置可采用图幅分区法、电路编号法等表示方法。下面介绍图幅分区法和电路编号法。

（1）图幅分区法。

分区法是将图样相互垂直的两对边各自加以等分，每条边必须等分为偶数。行向用大写拉丁字母 A、B、C……依次编号，列向用阿拉伯数字 1、2、3……依次编号，编号的顺序应从标题栏相对左上角开始。每个符号或元件在图中的位置可以用代表行的字母、代表列的数字或代表区域的字母数字组合来标记，如 B 行 3 列或 B3 区等。电气原理图中各分支电路的功能一般放在图样幅面上部的框内。图幅分区示意图如图 3-3 所示。

（2）电路编号法。

机床电气原理图使用电路编号法较为广泛。对电路或分支电路采用数字编号来表示其位置的方法称为电路编号法。编号的原则是从左到右顺序排列，每一编号代表一条支路或电路。各编号所对应的电路功能用文字表示，一般放在图面上部的框内。CA 6140 型车床电路图中就使用了电路编号法，即分成了 11 列支路。

2. 表格

在电气原理图中，同一元器件的各部分图形符号分散在图样中不同的部位，如接触器、继电器等，只是标上相同的文字符号。为了较迅速查找同一元器件的所有部分，可以采用表格。

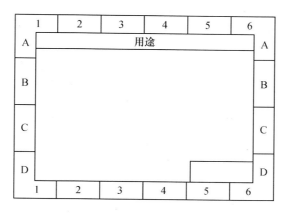

图 3-3 图幅分区示意图

（1）接触器的表格表示方法。

在每个接触器线圈的文字符号 KM 的下面画两条竖直线，分成左、中、右三栏，把受其控制而动作的触头所处的图列，用数字标注在左、中、右三栏内。对备而未用的触头，在相应的栏中用记号"×"标出，见表 3-2。

表 3-2　　　　　　　　　　　　　接触器的表格表示方法

栏目	左　栏	中　栏	右　栏
触头类型	主触头所在图例	辅助动合触头所在图列	辅助动断触头所在图列
KM 2 ∣ 6 ∣ 8 2 ∣ × ∣ × 2	表示：三对主触头均在图列2	表示：一对辅助动合触头在图列6，另一对辅助动合触头未使用	表示：一对辅助动断触头在图列8，另一对辅助动断触头未使用

（2）继电器的表格表示方法。

在每个继电器线圈的文字符号 K 的下面画一条竖直线，分成左、右两栏，把受其控制而动作的触头所处的图列，用数字标注左、右两栏内。对备而未用的触头，在相应的栏中用记号"×"标出，有时对备而未用的触头也可以不标出，见表 3-3。

表 3-3　　　　　　　　　　　　　继电器的表格表示方法

栏　目	左　　栏	右　　栏
触头类型	动合触头所在图例	动断触头所在图列
K 5 ∣ 6 8 ∣ 9	表示：一对动合触头在图列5，另一对动合触头在图列8	表示：一对动断触头在图列6，另一对动断触头在图列9

（3）读图方法。

读图方法有几种，其中查线读图方法因其简便容易掌握而较常用。

查线读图法的顺序是：

1）分析主电路；

51

2）分析控制电路；

3）分析辅助电路；

4）分析联锁与保护环节；

5）分析特殊环节；

6）总体检查。

三、电路图识读

通过分析 CA6140 型车床的电气控制线路图并查阅相关资料，回答下列问题，完成对原理图的学习目标。

（1）主电路采用什么样的供电方式，其电压为多少？

_____

（2）控制电路采用什么样的供电方式，其电压为多少？

_____

（3）照明电路和指示电路各采用什么样的供电方式，其电压各为多少？

_____

（4）主电路和辅助电路各供电电路中的控制器件是哪个？

_____

（5）主电路和辅助电路中各供电电路采用了什么保护措施？保护器件是哪个？

_____

（6）变压器的作用是什么？请测量各绕组的阻值并记录，如表 3-4 所示。

表 3-4　　　　　　　　　　　　　　阻值记录表

绕组名称				
电压值（V）				
阻值（Ω）				

（7）主电路有哪几台电动机？

_____

（8）主电路都使用了哪种电动机？

_____

（9）主拖动电动机主要起什么作用？

_____

（10）冷却泵电动机的作用是什么？

_____

（11）快速移动电动机的作用是什么？

_____

（12）主拖动电动机电力拖动特点及控制要求是什么？

_____

（13）冷却泵电动机电力拖动特点及控制要求是什么？

_____

(14) 快速移动电动机电力拖动特点及控制要求是什么？

(15) 紧急停机的手柄必须是什么颜色？急停按钮一般采用哪种型式的？

(16) 机床电路中的安全电压一般规定为多少伏？

(17) 为了保障机床操作的安全，电源开关采用了哪些措施？

(18) 我国的电气图形符号采用的是什么标准？

(19) 主电路与辅助电路的编号方法是怎样的？

• 提示

1. 电气图形符号的标准

我国采用的是国家标准 GB/T 4728.2～4728.13—2005～2008《电气简图用图形符号》中所规定的图形符号，这些符号是电气工程技术的通用技术语言。

国家标准对图形符号的绘制尺寸没有作统一的规定，实际绘图时可按实际情况以便于理解的尺寸进行绘制，图形符号的布置一般为水平或垂直位置。

绘制电气图时，连接线一般应采用实线，无线电信号通路采用虚线，并且应尽量减少不必要的连接线，避免线条交叉和弯折。对有直接电联系的交叉导线的连接点，应用小黑圆点表示；无直接电联系的交叉跨越导线则不画小黑圆点。

2. 绘制、识读电路图应遵循以下原则

(1) 电路图一般分电源电路、主电路和辅助电路三部分。

电源电路一般画成水平线，三相交流电源相序 L_1、L_2、L_3 自上而下依次画出，若有中线 N 和保护地线 PE，则应依次画在相线之下。直流电源的"＋"端在上，"—"端在下画出。电源开关要水平画出。

主电路由主熔断器、接触器的主触头、热继电器的热元件以及电动机等组成。主电路通过的是电动机的工作电流，电流比较大，因此一般在图纸上用粗实线垂直于电源电路绘于电路图的左侧。

辅助电路一般由主令电器的触头、接触器的线圈和辅助触头、继电器的线圈和触头、仪表、指示灯及照明灯等组成。通常，辅助电路通过的电流较小，一般不超过 5A。辅助电路要跨接在两相电源之间，一般按照控制电路、指示电路和照明电路的顺序，用细实线依次垂直画在主电路的右侧，并且耗能元件（如接触器和继电器的线圈、指示灯、照明灯等）要画在电路图的下方，与下边电源线相连，而电器的触头要画在耗能元件与上边电源线之间。为读图方便，一般应按照自左至右、自上而下的排列来表示操作顺序。

(2) 电路图中，电器元件不画实际的外形图，而应采用国家统一规定的电气图形符号表示。同一电器的各元件不按它们的实际位置画在一起，而是按其在线路中所起的作用分别画在不同的电路中，但它们的动作是相互关联的，必须用同一文字符号标注。若同一电路图中，相同的电器较多时，需要在电器元件文字符号后面加注不同的数字以示区别。各电器的触头位置都按电路未通电或电器未受外力作用时的常态位置画出，分析原理时应从触头的常态位置出发。

四、CA6140 型车床电路图识读

CA6140 型车床电路可分主电路、控制电路和照明指示灯电路，现进行简要讲述。

1. 主电路分析

主电路共有三台电动机。其中 M_1 是主轴电动机，由接触器 KM_1 控制，实现主轴旋转和刀架的进给运动，M_1 由热继电器 FR_1 作过载保护。M_2 是冷却泵电动机，由接触器 KM_2 控制，用以输送切削液，M_2 由热继电器 FR_2 作过载保护。M_3 是刀架快速移动电动机，由接触器 KM_3 控制，实现刀架的快速移动。

三相交流电源通过转换开关 QS_1 引入，电动机 M_2 和 M_3 共用一组熔断器 FU_1 作短路保护。

2. 控制电路分析

控制电路的电源由控制变压器 TC 二次侧输出 110V 电压提供。

（1）主轴电动机的控制。

按下起动按钮 SB_2，接触器 KM_1 的线圈得电，KM_1 吸合并自锁（以下简称接触器 KM_1 得电吸合并自锁），其主触头闭合，主轴电动机 M_1 起动运转。同时 KM_1 的另一对动合触头闭合。按下停止按钮 SB_1，M_1 停转。

（2）冷却泵电动机的控制。

只有当接触器 KM_1 得电吸合，使其动合辅助触头闭合后，合上开关 SA，接触器 KM_2 才能得电吸合，冷却泵电动机 M_2 才能起动运转。

（3）刀架快速移动电动机的控制。

刀架快速移动电动机 M_3 的起动是由安装在进给操纵手柄顶端的按钮 SB_3 来控制的。它与接触器 KM_3 组成点动控制环节。将操作手柄扳到所需的方向，按下按钮 SB_3，KM_3 得电吸合，电动机 M_3 起动运转，刀架就向指定方向快速移动。因快速移动电动机是短时工作，故未设过载保护。

3. 照明和指示灯电路分析

控制变压器 TC 的二次侧分别输出 24V 和 6V 电压，作为机床低压照明和指示灯的电源。EL 为机床的低压照明灯，由开关 QS_2 控制；HL 为电源的指示灯。它们分别用 FU_4 和 FU_3 作短路保护。

CA6140 车床电力拖动特点及控制要求如下：

（1）主轴的转动及刀架的移动由主拖动电动机带动，主拖动电动机一般选用三相笼型异步电动机，并采用机械变速。

（2）主拖动电动机采用直接起动，起动采用按钮操作，停止采用机械制动。

（3）为车削螺纹，主轴要求正/反转。小型车床，一般采用电动机正反转控制。CA6140 型车床则靠摩擦离合器来实现，电动机只作单向旋转。

（4）车削加工时，需用切削液对刀具和工件进行冷却。为此，设有一台冷却泵电动

机，拖动冷却泵输出冷却液。

（5）冷却泵电动机与主轴电动机有着联锁关系，即冷却泵电动机应在主轴电动机起动后才可选择起动与否；而当主轴电动机停止时，冷却泵电动机立即停止。

（6）为实现溜板箱的快速移动，由单独的快速移动电动机拖动，且采用点动控制。

4．学习拓展

电路图采用电路编号法，即对电路中的各个接点用字母或数字编号。

主电路在电源开关的出线端按相序依次编号为 U_{11}、V_{11}、W_{11}。然后按从上至下、从左至右的顺序，每经过一个电器元件后，编号要递增，如 U_{12}、V_{12}、W_{12}；U_{13}、V_{13}、W_{13}……单台三相交流电动机（或设备）的三根引出线，按相序依次编号为 U、V、W。对于多台电动机引出线的编号，为了不致引起误解和混淆，可在字母前用不同的数字加以区别，如 lU、1V、1W；2U、2V、2W……

辅助电路编号按"等电位"原则，按从上至下、从左至右的顺序，用数字依次编号，每经过一个电器元件后，编号要依次递增。控制电路编号的起始数字必须是 1，其他辅助电路编号的起始数字依次递增 100，如照明电路编号从 101 开始；指示电路编号从 201 开始等。

五、布置图与接线图

布置图是根据电器元件在控制板上的实际安装位置，采用简化的外形符号（如正方形、矩形、圆形等）绘制的一种简图。它不表达各电器的具体结构、作用、接线情况以及工作原理，主要用于电器元件的布置和安装。布置图中各电器的文字符号，必须与电路图和接线图的标注相一致。

接线图是根据电气设备和电器元件的实际位置和安装情况绘制的，它只用来表示电气设备和电器元件的位置、配线方式和接线方式，而具体表示电气动作原理和电气元器件之间的控制关系。它是电气施工的主要图样，主要用于安装接线、线路的检查和故障处理。

绘制、识读接线图应避循以下原则：

（1）接线图中一般应表示出如下内容：电气设备和电器元件的相对位置、文字符号、端子号、导线号、导线类型、导线截面积、屏蔽和导线绞合等。

（2）所有的电气设备和电器元件都应按其所在的实际位置绘制在图纸上，且同一电器的各元件应根据其实际结构，使用与电路图相同的图形符号画在一起，并用点画线框上，其文字符号以及接线端子的编号应与电路图中的标注相一致，以便对照检查接线。

（3）接线图中的导线有单根导线、导线组、电缆等之分，可用连续线或中断线表示。凡导线走向相同的可以合并，用线束来表示，到达接线端子板或电器元件的连接点时再分别画出。用线束表示导线组、电缆时，可用加粗的线条表示，在不引起误解的情况下，也可采用部分加粗。另外，导线及管子的型号、根数和规格应标注清楚。在实际工作中，电路图、布置图和接线图应结合起来使用。

实地查看 CA6140 型车床的安装图，确定元器件、控制柜、电动机等安装位置，并将安装图绘制下来。CA6140 型车床的部分接线图如图 3-4 所示。

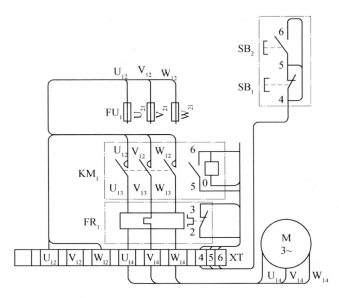

图 3-4　CA6140 型车床部分接线图

学习活动 3　元器件与材料的学习

学习目标：能识别和选用元器件、核查其型号与规格是否符合图纸要求、并进行外观检查；能掌握元器件的功能、参数、结构及工作原理；能检测元器件的性能。

学习地点：实训教室。

学习课时：4 课时。

一、识别元器件

列出 CA6140 型车床的电气控制线路中所有的低压控制器件。

表 3-5　　　　　　CA6140 型车床电气控制线路中低压电器元件明细表

代　号	名　称	型号与规格	数　量	备　注

思考以下问题，借助相关资料获得答案。

（1）你知道这些元器件的作用及原理吗？

（2）你会正确使用它们吗？

（3）你知道他们的使用注意事项吗？

（4）常用低压电器使用中的注意事项。

低压电器在运行维修中必须保证所有接点（包括辅助触头和接地端子）与导线的连接紧固可靠，应利用停运或停电时经常检查并紧固；低压电器更换时，必须使用与原来元件规格相同的合格产品，不得随意更改。如没有合适备件而采用其他规格的代用时，应经过批准。各类低压电器运行中应注意的事项如下。

1. 刀开关

（1）没有灭弧罩的刀开关，不能切断负荷电流，只能切断较小的负荷电流或空载电流。因此，一般应与断路器、熔断器或接触器配合使用，送电时，先合刀开关，后合断路器或接触器；停电时，先拉断路器或接触器，后拉刀开关。

（2）带灭弧罩的刀开关，可切断额定电流，但不能频繁操作。

（3）带灭弧罩熔断器式刀开关，可切断额定电流，并用熔断器切断短路电流，是一种组合电器，一般与接触器配合使用。

（4）刀开关可与断路器配合使用，刀开关与接触器配合使用时必须装设熔断器或者直接使用熔断器式刀开关。刀开关断开的负荷电流，不应大于制造厂容许的额定电流，其所配用的熔断器的额定电流，不得大于刀开关的额定电流。

（5）刀开关与熔断器组合时，只能控制 10kW 以下的小型电动机或负荷。

（6）用带有灭弧罩刀开关切断负荷电流时，必须迅速拉闸。

2. 低压断路器（自动空气开关）

（1）低压断路器的整定分过负荷整定和短路整定两种，运行时应按周期核校整定值。

（2）低压运行中应保证灭弧罩的完好，严禁不使用灭弧罩或使用破损灭弧罩。

（3）框架式低压断路器的结构较复杂，除接线正确可靠外，机械传动机构应灵活可靠，运行中可在转动部位涂少许机油；脱扣线圈吸合不好时，可在线圈铁心的下面垫以薄片，以减小衔铁与铁心的距离而增大引力。

3. 交流接触器

（1）运行中必须保证接线正确可靠、保证灭弧罩的完整。

（2）接触器可与按钮、控制继电器、变阻器、自耦减压变压器、频敏变阻器等组成各种复杂的功能齐全的起动设备，选用时必须按负荷的起动电流和额定电流兼顾选取。

（3）运行中必须保证衔铁铁心的清洁和对齐，保证触头吸合的紧密可靠，不得有过大的交流声。

4. 转换开关

转换开关应与熔断器配合使用；转换开关手柄的位置指示应与相应的触片位置对应，定位机构应可靠；转换开关的接线应按说明书进行，应正确可靠；转换是以角度区别的，不得任意更改；转换开关一般不宜拆开，因组装时触片的装配难以掌握。如必须打开时，必须做详细记录并画图表示，以免装错。

5. 热继电器

热继电器主要用来保护过负荷或断相，电流大于 20A 时宜采用经电流互感器的接线方式。运行中应保证热继电器的安装位置周围温度不超过室温，以免引起误动作。热继电器动作后，有手动复位和自动复位两种方式。按下手动复位按钮后，使原来保护动作后的常闭触头重新闭合。如需自动复位，可旋动自动复位螺杆，当热继电器因电动机过载动作后，经过一段时间，双金属片冷却复原，常闭触头复位闭合。

6. 熔断器

熔断器主要用做短路保护，在没有冲击负荷时可兼做过载保护，只适用于 10kW 以下的小型电动机过负荷保护。熔断器的种类很多，使用时要注意三相设备的熔断器选择，以免造成单相运行。

二、选择元器件

（1）你会正确选择型号、规格来满足图纸要求吗？

（2）电动机直接起动时熔断器如何选择？

（3）热继电器选择时应考虑哪些因素？

（4）低压断路器选择应考虑哪些条件？

（5）接触器应如何选择？

（6）导线选择的原则是什么？

1. 熔断器的选择

熔断器的作用主要是用来保护电气系统的短路。当系统的冲击负荷很小或电气设备的容量较小或对保护要求不高时，可兼作过负荷保护。

当被保护的线路或设备发生短路故障时，熔断器的熔体立即熔断，切断短路电流或设备。当被保护的线路或设备发生过负荷时，熔断器的熔体延时熔断，切断过负荷电流。但是由于各种型号规格的熔断器延时特性不一致，设备及线路的过负荷能力也不尽相同，使之延时特性与过负荷能力难以匹配。因此，一般熔断器只用作短路保护，而不用作过负荷保护。

（1）熔体额定电流的选择。

1）对变压器、电炉及照明等负载的短路保护，熔体的额定电流应稍大于线路负载的额定电流。

2）对一台电动机负载的短路保护，熔体的额定电流 I_{RN} 应大于或等于 1.5～2.5 倍电机额定电流 I_N。

即
$$I_{RN} \geqslant (1.5 \sim 2.5) I_N$$

3）对几台电动机同时保护，熔体的额定电流应大于或等于其中最大容量的一台电动机的额定电流 I_{MAX} 的 （1.5～2.5）倍加上其余电动机额定电流的总和 $\sum I_X$。

即 $I_{RN} \geqslant (1.5 \sim 2.5) I_{MAX} + \sum I_X$

在电动机功率较大，而实际负载较小时，熔体额定电流可适当选小些，小到以起动时熔体不断为准。

（2）熔断器参数的选择。

1）熔断器的额定电压必须大于或等于被保护线路或设备的工作电压。

2）熔断器的额定电流应大于或等于所安装的熔体的额定电流。

2．热继电器的选择

热继电器的功能作用主要是用来保护电气线路或设备的过负荷，有的型号的热继电器还可兼做断相保护。热继电器最常用于交流电动机的过负荷及断相保护，但只适用于长期工作或间断长期工作及起动不频繁（起动次数小于 60 次/h）短时工作制的电动机。

热继电器的选用是否得当，直接影响着对电动机进行过负荷保护的可靠性。通常选用时，应从电动机的型号、容量、使用环境、工作制、起动电流倍数、负荷性质等几方面综合考虑。

原则上，热继电器的额定电流应按电动机的额定电流选取，或者按生产工艺要求及电动机的实际负荷，选取热继电器的额定值为 0.95～1.05 倍电动机额定电流。对于过负荷能力较差的电动机，其配用的热继电器的额定电流可适当小些。通常，选取热继电器的额定电流为电动机额定电流的 60%～80%。

在不频繁起动场合，要保证热继电器在电动机的起动过程中不产生误动作。通常，当电动机的起动电流为其额定电流的 6 倍以及起动时间不超过 6s 时，若很少连续起动，就可按电动机的额定电流选取热继电器。

当电动机为重复短时工作制，首先注意确定热继电器的允许操作频率。因为热继电器的操作频率是很有限的，如果用它保护操作频率较高的电动机，则效果很不理想，有时甚至不能使用。对于可逆运行和频繁通断的电动机，不宜采用热继电器保护，必要时可采用装入电动机内部的温度继电器。

当热继电器做断相保护时，对于星形联结的电动机应选用一般的三极热继电器，对于三角形联结的电动机则应选用带断相保护的热继电器。

热继电器安装时应避开热源，以免使用中引起误动作。

3．低压断路器的选择

低压断路器（俗称空气开关）的功能主要是用来接通和断开电气线路及电气设备，并具有短路保护、过负荷保护功能，兼做欠电压保护。低压断路器是一种结构复杂、性能优良的开关电器，能瞬时切断短路电流，能延时切断过负荷电流，可远距离操作，使用方便。

（1）低压断路器选择应考虑的条件：

1）低压断路器的额定电压应大于或等于装置点的额定电压。

2）低压断路器的额定电流应大于或等于装置点的计算电流。

3）低压断路器脱扣器的额定电流应大于或等于装置点的计算电流。

4）低压断路器的极限通断能力应大于或等于装置点的最大短路电流。

5）线路末端单相对地短路电流与断路器瞬时或短延时脱扣器整定电流之比应大于或等于 1.25。

6）低压断路器欠电压脱扣器额定电压应等于装置点的额定电压。

（2）配电装置、电动机、照明及与其他相邻电器匹配用的低压断路器选择方法不同，选用时应注意。一般条件下，电动机回路可选用 2～3 倍额定电流的断路器，照明回路可选用 1.1～1.5 倍额定电流的断路器。

（3）与熔断器配合使用：对于容量较小的低压断路器或者低压断路器的断流能力小于计算短路电流时，宜用熔断器串联在断路器的电源侧，以弥补低压断路器断流能力小的缺陷，也避免了选用较大断流能力低压断路器的费用，并具有后备保护的作用。串联熔断器的选用与熔断器相同，断路器可选用短延时（0.1s）断路器。

4. 接触器的选择

（1）选择接触器的类型。根据接触器所控制的负载性质选择接触器的类型。通常交流负载选用交流接触器，直流负载选择直流接触器。

（2）选择接触器的主触头的额定电压。接触器主触头的额定电压大于或等于所控制线路的额定电压。

（3）选择接触器主触头的额定电流。接触器主触头的额定电流应大于或等于负载的额定电流。控制电动机时，可按下列经验公式计算（仅适用与 CJ10 系列）：

$$I_C = P_N \times 10^{-3} / K U_N$$

式中　I_C——接触器主触头电流（A）；

　　　　K——经验系数，Y 联结时一般取 1～1.4；

　　　　P_N——被控制电动机的额定功率（kW）；

　　　　U_N——被控制电动机的额定电压（V）。

接触器若使用在频繁起动、制动及正反转的场合，应将接触器主触头的额定电流降低一个等级使用。

5. 低压保护继电器的选择

低压控制保护继电器包括电流继电器、电压继电器、时间继电器、中间继电器、漏电保护器、温度继电器等。

（1）电流继电器。瞬时动作的电流继电器可保护短路，延时动作的电流继电器可保护过负荷。电流继电器的调整实质是调节衔铁与铁心的距离，距离越大，动作的电流越大，动作时间越长；距离越小，动作电流越小，动作时间越短。

（2）电压继电器。电压继电器用于欠电压保护，各种起动器的电压线圈、断路器和接触器等低压电器的电压线圈均具有欠电压保护功能。

（3）时间继电器。时间继电器的种类很多，其原理也不尽相同，但共同点是其得电后或失电后，时间继电器的触点不是立即动作，而是经过一定的时间后断开或闭合，这样与其他电器配合在一起，即可得到具有很多功能的电路，给电气控制和安全保护提供了很大的便利。

1）与电流继电器配合，组成电动机起动时起动冲击电流的过负荷不跳闸、运行中过负荷跳闸的自动控制电路。

2）用于电动机星—三角起动电路中，自动完成星—三角切换。

3）用于其他需要延时控制的电路。

（4）中间继电器。中间继电器的功能作用主要是用来增加控制系统辅助触点数量及容量，完成联锁、同步、信号、报警等功能。

（5）温度继电器。测温元件可埋设在电气设备易发热的部位，当达到规定温度值时，继电器立即工作，其触点串按在电器的控制回路之中，即可将电源切断。可根据其控温范围及与被保护电气设备的最高温度相适应来选择温度继电器。

6. 导线的选择

电动机负荷导线的选择一般按电动机的额定电流选取。习惯上电动机额定电压为380V时按每千瓦2A电流计算（与电动机的类型有关，应当明确），即2A/kW。例如，10kW电动机为20A。电流确定后，按照敷设方式、环境温度、导线材质、绝缘条件等对照导线长期连续允许最大载流量进行选取。通常除了载流量这个因素外，还得考虑导线的机械强度。

电流互感器、测量仪表必须接线正确，二次要可靠接地。

7. 电动机的选择

（1）电动机的选择依据。

1）根据负荷的功率选择电动机的额定功率。

2）根据负荷的转速选择电动机的额定转速。

3）根据负荷的性质和工艺要求选择电动机种类。

4）根据负荷的大小和供电电压选择电动机的额定电压。

5）根据负荷的环境条件选择电动机的防护型式。

（2）电动机的选择方法。

1）电动机额定功率的选择：

①对负荷平稳的连续工作方式的机械，应按机械轴的功率选择。当机械的转动惯量或起动时静阻转矩很大时，笼型电动机和同步电动机应按起动条件进行校验。

②对负荷变动的连续工作方式的机械，一般应按等效电流或等效转矩法进行选择，并按允许过载转矩进行校验。

③对断续工作方式的机械，其额定功率应按典型周期的等效负荷换算到标准负荷持续率的功率进行选择，并按允许过负荷转矩进行校验。

④对短时工作的机械，应选用短时定额电动机，也可按允许过负荷转矩选用断续定额电动机。对断续工作方式的机械，当负荷持续率大于60%时，应选用连续定额电动机。

⑤电动机使用地点的介质温度应符合电动机技术条件规定温度（绝缘等级），当使用地点的海拔和介质温度与规定的工作条件不符时，电动机的功率应按技术条件的规定进行校正。

⑥电动机额定功率选择应根据机械类型和其重要程度，配有适当的储备系数。

2）电动机的额定转速、安装结构型式及调速方法应与生产机械及工艺程序相适应。

3）电动机类型的选择：

①对起动、调速及制动无特殊要求时，应采用笼型电动机，但长时期运转且功率较大的电动机，一般应采用同步电动机。只要求多种转速时，一般应采用多速笼型电动机。

②对调速质量要求不高且调速比不大时，或按起动条件采用笼型电动机不合理时，一般应采用绕线转子电动机。

③对起动、调速及制动等有较高要求时，应按生产工艺要求选择电动机的类型，如直流电动机、电磁调速电动机或采用变频起动设备。

④电动机的额定电压应按配电电压、配电方式和电动机的额定功率综合考虑决定。在

电源容量允许的条件下，低压电动机的功率一般不应大于 300kW。

⑤电动机保护型式的选择。

a. 在正常介质的室内，一般选用防护型，在保证人身和设备安全的条件下，可选用无防护型。在使用地点可能有水滴落或飞溅时，应采用防滴型或防溅型。

b. 在湿热地区应尽量采用湿热带型。如采用普通型时，必须有适当的有效防护措施。

c. 在空气中经常存在较多灰尘的地方，如为导电灰尘，应采用尘密型；当为非导电灰尘时，应采用防尘型。

d. 在空气中经常存在腐蚀性气体或游离物的地方，应采用化工防腐型、管道通风型。

e. 在露天环境，如有防止日晒、雨雪、风沙等措施时可采用防尘型。

f. 在爆炸和火灾危险环境应按分区等级选用防爆型。

g. 高温场所应选用绝缘等级为 H、F、C 级的电动机。

学习活动 4　CA6140 型车床电气控制电路的安装

学习目标：

（1）按原理图安装 CA6140 型车床电气控制线路。

（2）通电空运转效验。

学习地点：实训教室。

学习课时：12 课时。

一、工具、仪器、器材选择

（1）选择测电笔、电工刀、剥线钳、尖嘴钳、螺钉旋具等电工常用工具。

（2）选择万用表、5050 型兆欧表、钳形电流表。

（3）选择器材控制板、走线槽、各种规格软线和紧固体、金属软管、编码套管等。

二、安装步骤及工艺要求

1. 安装步骤（见表 3-6）

表 3-6　　　　　　　　CA6140 型车床电气控制电路的安装与调试

安 装 步 骤	工 艺 要 求
第一步：选配并检查元件与电气设备	（1）按电气元件明细表配齐电气设备和元件，并逐个检验其规格和质量 （2）根据电动机的容量、线路走向及要求和各元件的安装尺寸，正确选配导线的规格、导线通道类型和数量、接线端子板、控制板、紧固件等
第二步：在控制板上固定电器元件和走线槽，并在电器元件附近做好与电路图上相同代号的标记	安装走线槽时，应做到横平竖直、排列整齐匀称、安装牢固和便于走线等
第三步：在控制板上进行板前线槽配线，并在导线端部套编码套管	按板前线槽配线的工艺要求进行

安 装 步 骤	工 艺 要 求
第四步：进行控制板外的元件固定和布线	（1）选择合理的导线走向，做好导线通道的支持准备 （2）控制箱外部导线的线头上要套装与电路图相同线号的编码套管；可移动的导线通道应留适当的余量 （3）按规定在通道内放好备用导线
第五步：自检	（1）根据电路图检查电路的接线是否正确，接地通道是否具有连续性 （2）检查热继电器的整定值和熔断器中熔体的规格是否符合要求 （3）检查电动机及线路的绝缘电阻 （4）检查电动机的安装是否牢固，与生产机械传动装置的连接是否可靠 （5）清理安装现场
第六步：通电试车	（1）接通电源，点动控制各电动机的起动，以检查各电动机的转向是否符合要求 （2）先空载试车，正常后方可接上电动机试车。空载试车时，应认真观察各电器元件、线路、电动机及传动装置的工作是否正常。发现异常，应立即切断电源进行检查，待调整或修复后方可再次通电试车

2. 注意事项

（1）不要漏接接地线，要注意不能利用金属软管作为接地通道。

（2）在控制箱外部进行布线时，导线必须穿在导线通道内或敷设在机床底座内的导线通道里。所有的导线不得有接头。

（3）在导线通道内敷设的导线进行接线时，必须集中思想，做到查出一根导线，套一根导线，立刻接上后，再进行复验的方法。

（4）进行快速进给时，要注意将运动部件处于行程中间位置，以防止运动部件与车头或尾架相撞产生设备故障。

（5）安装完毕的控制线路板，必须经过认真检查后才允许通电试车，以防止错接、漏接，造成不能正常运转或短路事故。

（6）试车时，要先合上电源开关后按起动按钮；停车时，要先按停止按钮后断电源开关。

（7）通电试车必须在教师的监护下进行，必须严格遵守安全操作规程。

3. 评分标准（见表 3-7）

表 3-7   评分标准表

项目内容	配 分	评 分 标 准	扣 分
元件安装	30	（1）控制箱内部电器元件排列不整齐、不匀称、不合理，每只扣 2 分；安装不牢固（有松动），每只扣 4 分 （2）控制箱外部元件安装不牢固，每只扣 5 分 （3）电动机安装不符合要求，每台扣 5～15 分 （4）损坏电器元件，每只扣 10～30 分 （5）导线通道敷设不符合要求，每条扣 5 分	
布 线	30	（1）不按电气原理图接线，扣 20 分 （2）控制箱内导线敷设不符合要求，每根扣 2 分 （3）接点不符合要求或漏套编码套管，控制箱内，每个接点扣 1 分；控制箱外，每个接点扣 4 分 （4）导线有接头，每根，扣 10 分 （5）不按规定放备用线，扣 5 分 （6）放到接线盒内导线没有余量，每根扣 3 分 （7）漏接接地线，扣 10 分	
通电试车	40	（1）熔体规格配错，每只扣 3 分 （2）热继电器未整定好，每只扣 3 分 （3）通电试车控制工程不熟练，扣 10 分；通电一次试车不成功扣 20 分；两次试车不成功扣 30 分；三次试车不成功扣 40 分 （4）违反安全，不文明生产，扣 10～40 分	
定额时间	2 天	按每超过 0.5 天扣 5 分计算	
备 注		除定额时间外，各项内容的最高扣分不得超过配分数	
开始时间		结束时间	实际时间

4. 回答下列问题

（1）线路安装时，导线的截面是如何规定的？

_____

_____

（2）什么是欠电压保护？其工作原理是什么？

_____

_____

（3）什么是零电压保护？其工作原理是什么？

_____

_____

·提示

接触器不仅可以实现线路的远距离自动控制，而且还具有欠电压和零电压保护作用。

（1）欠电压保护。欠电压是指线路电压低于电动机应加的额定电压。欠电压保护是指当线路电压下降到某一数值时，电动机能自动脱离电源停转，避免电动机在欠电压下运行的一种保护。

当线路电压下降到一定值（一般指低于电源额定电压的 85%）时，接触器线圈两端的电压也同样下降到此值，使接触器线圈磁通减弱，产生的电磁吸力减小。当电磁吸力减小到小于反作用弹簧的拉力时，动铁心被迫释放，主触头和自锁触头同时分断，自动切断主电路和控制电路，电动机停转，起到了欠电压保护的作用。

（2）零电压保护。零电压保护是指电动机在正常运行中，由于外界某种原因引起突然断电时，能自动切断电动机电源；当重新供电时，保证电动机不能自行起动的一种保护。接触器自锁控制线路也可实现零电压保护作用。接触器自锁触头和主触头在电源断电时已经分断，使控制电路和主电路都不能接通，所以在电源恢复供电时，电动机就不会自行起动运转，保证了人身和设备的安全。

5. 电动机安装注意事项

（1）导线的数量应按敷设方式和管路长度来决定，线管的管径应根据导线的总截面来决定，一般要求穿管导线的总截面（包括绝缘层）不应大于线管有效截面的40％。

（2）当控制开关远离电动机而看不到电动机的运转情况时，必须另设开车信号装置。

（3）电动机使用的电源电压和绕组的接法，必须与铭牌上规定的相一致。

（4）接线时，必须先接负载端，后接电源端；先接接地线，后接三相电源相线。

（5）通电试车时，必须先空载点动后再连续运行。若空载运行正常，再接上负载运行；若发现异常情况应立即断电检查。

6. 控制箱配线安装

控制箱配线常用的有明配线、塑料穿线槽配线和暗配线。

（1）明配线。明配线又称板前配线，它是把线管敷设在墙上以及其他明漏处，要求配得横平竖直，且要求管路短，弯头少，如图3-5所示。

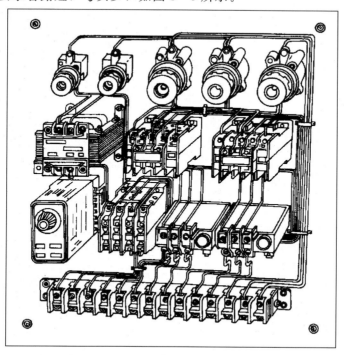

图3-5　控制箱的明配线

它是将电器元件之间的连接全部安装在板前。主电路的连接线一般采用较粗的 2.5mm² 的单股塑料铜芯线；控制电路一般采用 1mm² 的单股塑料铜芯线，并且要用不同的颜色的导线来区别主电路、控制电路和地线。

明配线安装的特点是线路整齐美观，导线去向清楚，便于查找故障。

（2）塑料穿线槽配线。当电气控制柜内的空间较大时，可应用塑料穿线槽的配线方式。塑料穿线槽由盖板及槽底座组成，其外形如图 3-6 所示。槽中空间容纳导线，缺口供导线进出用。由于电气元器件的所有联结导线都要通过塑料穿线槽，所以在电气安装板的四周都需配置穿线槽。塑料穿线槽用螺钉固定在底板上。

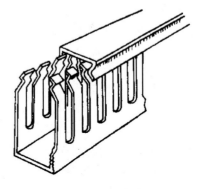

塑料穿线槽的配线特点是配线效率高，省工时；对电器元件在底板上的排列方式没有特殊要求；在维修过程中更换元器件时，对线路的完整性也无影响。但配线所用的导线数量要较多。

图 3-6　塑料穿线槽

（3）暗配线。暗配线又称板后配线，是把线管埋设在墙内，楼板或地坪内以及其他看不见的地方。不要求横平竖直，只要求管路短，弯头少，如图 3-7 所示。当各电器元件在配电板上的位置确定后，在每一个电器元件的接线端处钻出比连接导线外径略大的孔，并在孔中插进塑料套管，即可穿线。

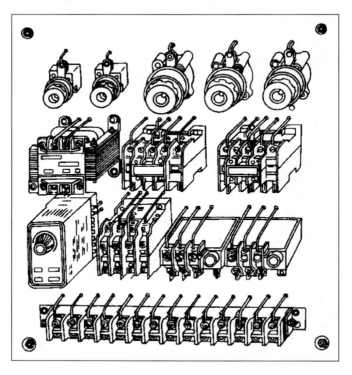

图 3-7　控制箱的暗配线

学习活动 5　安装工作总结与评价

学习目标：按照学习目标逐条检查自己完成情况，根据自己实际给予自我评分，然后互评，教师综合评价。

学习课时：4 课时。

教学地点：实训教室。

一、内容

完成下列问题，自检本任务学习目标完成情况。

(1) 完成"CA6140 型车床电气控制线路的安装"时，其步骤是什么，工艺要求有哪些？

_____

(2) 线路安装采用穿线槽时，安装要求是什么？

_____

(3) 线路安装完毕，自检的步骤是什么？

_____

(4) 通电试车的步骤是什么？

_____

(5) 通电试车的注意事项是什么？

_____

(6) 通过完成"CA6140 型车床电气控制线路的安装"这项工作任务，你感觉自己在电气控制线路安装这方面的能力有提高吗，还需在哪些方面继续学习？

_____

(7) 通过完成"CA6140 型车床电气控制线路的安装"这项工作任务，你对安全用电知识是否有更加深入地了解，对自觉遵守电工安全操作规程的意识是否有所增强？对维修电工的职业素养有哪些认识？请结合自身情况写出具体感受、认识和体会。

二、评价

评价结论以"很满意、比较满意、还要加把劲"等性质评价为好，因为它能更有效地帮助和促进学生的发展。小组成员互评，在你认为合适的地方打√。

组长评价、教师评价考核采用 A、B、C，如表 3-8 所示。

表 3-8　　　　　　　　　　　项目一体化学习总评价表

项　　目	自我评价			小组评价			教师评价		
	A	B	C	A	B	C	A	B	C
出勤时间观念									
工作页完成情况									

项　　目	自我评价			小组评价			教师评价		
	A	B	C	A	B	C	A	B	C
学习活动一									
学习活动二									
学习活动三									
学习活动四									
学习活动五									
职业核心能力									
职业核心能力									
综合评价									
总评建议（指导教师）						总成绩			
备注									

注：本活动考核采用的是过程化考核方式作为学生项目结束的总评依据，请同学们认真对待妥善保管留档。

学习活动 6　明确工作任务

学习目标：能阅读工作任务单，明确工时、工作任务等信息，并能用自己的语言复述。

学习课时：2 课时。

教学地点：实训教室。

实习工厂有一型号为 CA6140 型车床出现故障影响了生产，急需维修，工厂负责人把这任务交给维修电工班紧急检修，要求两个小时内修复，避免影响正常的生产。

一、读懂设备保修单

请认真阅读工作情景描述，查阅相关资料，依据教师的故障现象描述或现场观察，组织语言自行填写设备报修验收单（教师可分组描述不同的故障现象）。

表 3-9　　　　　　　　　　　　　设 备 报 修 验 收 单

<table>
<tr><td colspan="6" align="center">报修记录</td></tr>
<tr><td>报修部门</td><td></td><td>报修人</td><td></td><td>报修时间</td><td></td></tr>
<tr><td>报修级别</td><td colspan="2">特急□　急□　一般□</td><td>希望完工时间</td><td colspan="2">年　月　日以前</td></tr>
<tr><td>故障设备</td><td></td><td>设备编号</td><td></td><td>故障时间</td><td></td></tr>
<tr><td>故障状况</td><td colspan="5"></td></tr>
<tr><td colspan="6" align="center">维修记录</td></tr>
<tr><td>接单人及时间</td><td colspan="3"></td><td>预定完工时间</td><td></td></tr>
<tr><td>派工</td><td colspan="5"></td></tr>
<tr><td>故障原因</td><td colspan="5"></td></tr>
<tr><td>维修类别</td><td colspan="5" align="center">小修□　　中修□　　大修□</td></tr>
<tr><td>维修情况</td><td colspan="5"></td></tr>
<tr><td>维修起止时间</td><td colspan="2"></td><td>工时总计</td><td colspan="2"></td></tr>
<tr><td>耗用材料名称</td><td>规格</td><td>数量</td><td>耗用材料名称</td><td>规格</td><td>数量</td></tr>
<tr><td></td><td></td><td></td><td></td><td></td><td></td></tr>
<tr><td></td><td></td><td></td><td></td><td></td><td></td></tr>
<tr><td></td><td></td><td></td><td></td><td></td><td></td></tr>
</table>

续表

<table>
<tr><td colspan="4">验收记录</td></tr>
<tr><td colspan="4">维修人员建议</td></tr>
<tr><td rowspan="3">验收部门</td><td>维修开始时间</td><td>完工时间</td><td></td></tr>
<tr><td>维修结果</td><td colspan="2"></td></tr>
<tr><td></td><td colspan="2" align="right">验收人：　　　　日期：</td></tr>
<tr><td rowspan="2">设备部门</td><td colspan="3"></td></tr>
<tr><td colspan="3" align="right">验收人：　　　　日期：</td></tr>
</table>

注：本单一式两份，一联报修部门存根，一联交动力设备室。

·提示

如果发现设备出现故障，应由负责该生产设备操作人员填写。

设备报修验收单是进行绩效考核的重要依据，同时也可以解决维修人员之间互相扯皮现象，促使维修人员加快维修速度。

请认真阅读设备保修单，弄清楚以下问题：

（1）设备报修验收单中报修记录部分由谁填写，并描述主要内容。

（2）试分析设备报修验收单中故障状况部分的作用。

（3）设备报修验收单中维修记录部分应该由谁填写，并描述主要内容。

（4）设备报修验收单中验收记录部分应该由谁填写，并描述主要内容。

（5）用自己的语言填写设备报修验收单中报修记录部分，并进行展示。

（6）在填写完设备报修验收单后你是否有信心完成此工作，为完成此工作你认为还欠缺哪些知识和技能。

二、分组且准备维修

请在教师的帮助下，通过与同学协商，合理分配学习小组成员、给小组命名，并将小组成员名单填写于派工处。

学习活动 7　熟悉设备电路图

学习目标：识读电路原理图、查阅相关资料，能正确分析电路的供电方式、各台电动机的作用、控制方式及控制电路特点，为检修工作做好准备。

学习场地：教室。

学习课时：4 课时。

按照安装要求认真复习设备电路相关知识，并复习有关电路原理与元器件知识的内容。

学习活动 8　检修前的准备

学习目标：

（1）能了解基本检修思路、熟悉基本检修原则、掌握常用检修方法。

（2）能掌握仪表的使用方法和技巧。

（3）能明确检修过程的安全注意事项。

学习场地：实训教室。

学习课时：8 课时。

生产过程中，由于自然、人为因素或工作条件的不恰当导致设备不能正常工作而出现故障。

一、常见故障

故障的形式主要有以下几种：

（1）电源——电压是否正常；

（2）器件——功能是否正常；

（3）线路——通断是否正常。

常见的电气故障现象有：

（1）电动机不能起动或停止；

（2）电动机缺相（二相）运行；

（3）连续运行电动机起动后不能自锁；

（4）电动机起动运转后，自动停转；

（5）接通电源时，电动机自行起动；

（6）照明灯或指示灯不亮或不熄；

（7）接通电源或按下按钮时，熔体立刻熔断。

在检修设备时，首先应该学会查找故障，只有找到故障位置，然后对症下药地去排除故障。在查找故障过程中要做到：

（1）能采取正确的安全措施。

（2）能采用合适的方法查找故障点。

（3）能用正确、简洁的方法排除故障。

二、检修故障前的准备工作

检修设备的一般安全措施有：

（1）在低压设备上的检修工作，必须事先汇报组长，经组长同意后才可进行工作。

（2）在低压配电盘、配电箱和电源干线上的工作，应填写工作票；在低压电动机和照明回路上的工作，可用口头联系。以上两种工作至少应由两人进行。

（3）停电时，必须将相关电源都断开，并取下熔断器，在刀闸操作手柄上挂"禁止合闸，有人工作"警示牌。

（4）工作时，必须严格按照停电、验电、放电、挂停电牌的安全技术步骤进行操作。

（5）现场工作开始前，应检查安全措施是否符合要求，运行设备及检修设备是否明确分开，严防误操作。

（6）分段检查各盘时，应拉好警戒绳并挂上警示牌；在全部或部分带电的盘上进行工作时，应在检修设备及运行设备上设有明显的警戒标志。

（7）严禁带电作业。

（8）检修时，拆下的各零件要集中摆放，拆各接线前，必须将接线及线号标记，避免出现接线错误。

（9）检修完毕，经全面检查无误后，将隔离刀闸送上，试运行后，将结果汇报组长，并做好检修记录。

电气设备维修的十项原则：

（1）先动口再动手。对于有故障的电气设备，不应急于动手，应先询问产生故障的前后经过及故障现象。对于生疏的设备，还应先熟悉电路原理和结构特点，遵守相应规则。拆卸前要充分熟悉每个电气部件的功能、位置、连接方式以及与四周其他器件的关系，在没有组装图的情况下，应一边拆卸，一边画草图，并记上标记。

（2）先外部后内部。应先检查设备有无明显裂痕、缺损，了解其维修史、使用年限等，然后再对机内进行检查。拆前应排除周边的故障因素，确定为机内故障后才能拆卸，否则，盲目拆卸，可能将设备越修越坏。

（3）先机械后电气。只有在确定机械零件无故障后，才进行电气方面的检查。检查电路故障时，应利用检测仪器寻找故障部位，确认无接触不良故障后，再有针对性地查看线路与机械的运作关系，以免误判。

（4）先静态后动态。在设备未通电时，判定电气设备按钮、接触器、热继电器以及熔断器的好坏，从而判定故障的所在。通电试验，听其声、测参数、判定故障，最后进行维修。如在电动机缺相时，若测量三相电压值无法判别时，就应该听其声，单独测每相对地电压，方可判定哪一相缺损。

（5）先清洁后维修。对污染较重的电气设备，先对其按钮、接线点、接触点进行清洁，检查外部控制键是否失灵。许多故障都是由脏污及导电尘块引起的，一经清洁故障往往会排除。

（6）先电源后设备。电源部分的故障率在整个故障设备中占的比例很高，所以先检修电源往往可以事半功倍。

（7）先普遍后非凡。因装配配件质量或其他设备故障而引起的故障，一般占常见故障的 50％左右。电气设备的非凡故障多为软故障，要通过经验和仪表来测量和维修。

（8）先外围后内部。先不要急于更换损坏的电气部件，在确认外围设备电路正常时，再考虑更换损坏的电气部件。

（9）先直流后交流。检修时，必须先检查直流回路静态工作点，再交流回路动态工作点。

（10）先故障后调试。对于调试和故障并存的电气设备，应先排除故障，再进行调试，调试必须在电气线路低速的前提下进行。

三、检修电气故障的步骤

请你试着说出设备电气故障检修步骤，并进行小组讨论、归纳和总结。

实习步骤：

（1）在老师或操作师傅的指导下，对机床进行操作，了解机床的各种工作状态及操作方法。

（2）在教师指导下，熟悉机床电器元件的安装位置和走线情况。

（3）在有故障的机床上或人为设置自然故障点的机床上，由教师示范检修，边分析，边检查，直至找出故障点及故障排除。

（4）由教师设置让学生事先知道的故障点，指导学生如何从故障现象着手进行分析。逐步引导学生如何采用正确的检查步骤和检修方法。

（5）教师设置故障点，由学生检修。

实习要求：

（1）学生应根据故障现象，先在原理图中正确标出最小故障范围的线段。

（2）排除故障时，必须要修复故障点，不得采用更换电器元件、借用触点及改动线路的方法，否则，按没有排除故障点扣分。

（3）检修时，严禁扩大故障范围或产生新的故障。

电气故障检修的一般步骤：

（1）观察和调查故障现象——电气故障现象是多种多样的。

例如，同一类故障可能有不同的故障现象，不同类故障可能有同种故障现象，这种故障现象的同一性和多样性，给查找故障带来复杂性。但是，故障现象是检修电气故障的基本依据，是电气故障检修的起点，因而要对故障现象进行仔细观察、分析，找出故障现象中最主要的、最典型的方面，搞清故障发生的时间、地点、环境等。

（2）分析故障原因——初步确定故障范围、缩小故障部位。

根据故障现象分析故障原因是电气故障检修的关键。分析的基础是电工电子基本理论，是对电气设备的构造、原理、性能的充分理解，是电工电子基本理论与故障实际的结合。某一电气故障产生的原因可能很多，重要的是在众多原因中找出最主要的原因。

（3）确定故障的具体部位——判断故障点。

确定故障部位是电气故障检修的最终归纳和结果。确定故障部位可理解为确定设备的故障点，如短路点、损坏的元器件等，也可理解为确定某些运行参数的变异，如电压波动、三相不平衡等。确定故障部位是在对故障现象进行周密的考察和细致分析的基础上进行的。在这一过程中，可采用多种检查手段和方法。

（4）排除故障。

将已经确定的故障点，使用正确的方法予以排除。

（5）校验与试车。

在故障排除后还要进行校验和试车。

四、电气故障检查方法

（1）直观法。直观法是根据电器故障的外部表现，通过问、看、听、摸、闻等手段，检查、判定故障的方法。

1）问：向现场操作人员了解故障发生前后的情况，如故障发生前是否过负荷、频繁起动和停止，故障发生时是否有异常声音相振动、有没有冒烟、冒火等现象。

2）看：仔细察看各种电器元件的外观变化情况，如看触点是否烧融、氧化，熔断器熔体熔断指示器是否跳出，热继电器是否脱扣，导线是否烧焦，热继电器整定值是否合适，瞬时动作整定电流是否符合要求等。

3）听：主要听有关电器在故障发生前后声音有否差异。如听电动机起动时是否只"嗡嗡"响而不转，接触器线圈得电后是否噪声很大等。

4）摸：故障发生后，断开电源，用手触摸或轻轻推拉导线及电器的某些部位，以察觉异常变化，如摸电动机、自耦变压器和电磁线图表面，感觉湿度是否过高；轻拉导线，看连接是否松动；轻推电器活动机构，看移动是否灵活等。

5）闻：故障出现后，断开电源，将鼻子靠近电动机、自耦变压器、继电器、接触器、绝缘导线等处，闻闻是否有焦味。如有焦味，则表明电器绝缘层已被烧坏，主要原因则是过负荷、短路或三相电流严重不平衡等故障所造成。

（2）测量电压法。测量电压法是根据电器的供电方式，测量各点的电压值与电流值并与正常值比较。具体可分为分阶测量法、分段测量法和点测法。

（3）测电阻法。可分为分阶测量法和分段测量法。这两种方法适用于开关、电器分布距离较大的电气设备。

（4）对比法、置换元件法、逐步开路（或接入）法。

1）对比法：把检测数据与图纸资料及平时记录的正常参数相比较来判定故障。对无资料又无平时记录的电器，可与同型号的完好电器相比较。电路中的电器元件属于同样控制性质或多个元件共同控制同一设备时，可以利用其他相似的或同一电源的元件动作情况来判定故障。

2）置换元件法：某些电路的故障原因不易确定或检查时间过长时，为了保证电气设备的利用率，可换同一相性能良好的元器件实验，以证实故障是否由此电器引起。运用置换元件法检查时应注意，当把原电器拆下后，要认真检查是否已经损坏，只有肯定是由于该电器本身因素造成损坏时，才能换上新电器，以免新换元件再次损坏。

3）逐步开路（或接入）法：多支路并联且控制较复杂的电路短路或接地时，一般有明显的外部表现，如冒烟、有火花等。电动机内部或带有护罩的电路短路、接地时，除熔断器熔断外，不易发现其他外部现象。这种情况可采用逐步开路（或接入）法检查。逐步开路法：碰到难以检查的短路或接地故障，可重新更换熔体，把多支路交联电路，一路一路逐步或重点地从电路中断开，然后通电试验，若熔断器一再熔断，故障就在刚刚断开的这条电路上。然后再将这条支路分成几段，逐段地接入电路。当接入某段电路时熔断器又熔断，故障就在这段电路及某电器元件上。这种方法简单，但会轻易把损坏不严重的电器元件彻底烧毁。逐步接入法：电路出现短路或接地故障时，换上新熔断器逐步或重点地将各支路一条一条地接入电源，重新试验。当接到某段时熔断器又熔断，故障就在刚刚接入的这条电路及其所包含的电器元件上。

（5）强迫闭合法。在排除电器故障时，经过直观检查后没有找到故障点而手下也没有适当的仪表进行测量，可用一绝缘棒将有关继电器、接触器、电磁铁等用外力强行按下，使其常开触点闭合，然后观察电器部分或机械部分出现的各种现象，如电动机从不转到转动，设备相应的部分从不动到正常运行等。

（6）短接法。设备电路或电器的故障大致归纳为短路、过负荷、断路、接地、接线错误、电器的电磁及机械部分故障等六类。诸类故障中出现较多的为断路故障。它包括导线断路、虚连、松动、触点接触不良、虚焊、假焊、熔断器熔断等。对这类故障除用电阻法、电压法检查外，还有一种更为简单可行的方法，就是短接法。方法是用一根良好绝缘的导线，将所怀疑的断路部位短路接起来，如短接到某处，电路工作恢复正常，说明该处断路。具体操作可分为局部短接法和长短接法。

以上几种检查方法，要灵活运用，遵守安全操作规章。对于连续烧坏的元器件应查明原因后再进行更换；电压测量时应考虑到导线的压降；不违反设备电器控制的原则，试车时手不得离开电源开关，并且保险应使用等量或略小于额定电流；注重测量仪器的挡位的选择。

在确定故障点以后，无论修复还是更换，对电气维修人员来讲，排除故障比查找故障要简单得多。在排除故障的过程中，应先动脑，后动手，正确分析可起到事半功倍的效果。需注意的是，在找出有故障的组件后，应该进一步确定故障的根本原因。例如，当电路中的一只接触器烧坏，单纯地更换一个是不够的，重要的是要查出被烧坏的原因，并采取补救和预防的措施。在排除故障过程中还要注意线路做好标记以防错接。

检修故障时，也有很多技巧，掌握它能给检修带来便捷。

（1）熟悉电路原理，确定检修方案：当一台设备的电气系统发生故障时，不要急于动手拆卸，首先要了解该电气设备产生故障的现象、经过、范围、原因，熟悉该设备及电气系统的基本工作原理，分析各个具体电路，弄清电路中各级之间的相互联系以及信号在电路中的来龙去脉，结合实际经验，经过周密思考，确定一个科学的检修方案。

（2）先机械，后电路：电气设备都以电气机械原理为基础，特别是机电一体化的先进设备，机械和电子在功能上有机配合，是一个整体的两个部分。往往机械部件出现故障，影响电气系统，许多电气部件的功能就不起作用。因此不要被表面现象迷惑，电气系统出现故障并不全部都是电气本身问题，有可能是机械部件发生故障所造成的。因此先检修机械系统所产生的故障，再排除电气部分的故障，往往会收到事半功倍的效果。

（3）先简单，后复杂：检修故障要先用最简单易行、自己最拿手的方法去处理，再用复杂、精确的方法。排除故障时，先排除直观、显而易见、简单常见的故障，后排除难度较高、没有处理过的疑难故障。

（4）先检修通病，后攻疑难杂症：电气设备经常容易产生相同类型的故障就是"通病"。由于通病比较常见，积累的经验较丰富，因此可快速排除。这样就可以集中精力和时间排除比较少见、难度高、古怪的疑难杂症，简化步骤，缩小范围，提高检修速度。

（5）先外部调试，后内部处理：外部是指暴露在电气设备外完成密封件外部的各种开关、按钮、插口及指示灯，内部是指在电气设备外壳或密封件内部的印制电路板、元器件及各种连接导线。先外部调试，后内部处理，就是在不拆卸电气设备的情况下，利用电气设备面板上的开关、旋钮、按钮等调试检查，缩小故障范围。首先排除外部部件引起的故障，再检修机内的故障，尽量避免不必要的拆卸。

（6）先不通电测量，后通电测试：首先在不通电的情况下，对电气设备进行检修；然后再在通电情况下，对电气设备进行检修。对许多发生故障的电气设备检修时，不能立即通电，否则会人为扩大故障范围，烧毁更多的元器件，造成不应有的损失。因此，在故障机通电前，先进行电阻测量，采取必要的措施后，方能通电检修。

（7）先公用电路、后专用电路：任何电气系统的公用电路出故障，其能量、信息就无法传送、分配到各具体专用电路，专用电路的功能、性能就不起作用。如一个电气设备的电源出故障，整个系统就无法正常运转，向各种专用电路传递的能量、信息就不可能实现。因此遵循先公用电路、后专用电路的顺序，就能快速、准确地排除电气设备的故障。

（8）总结经验，提高效率：电气设备出现的故障五花八门、千奇百怪。任何一台有故障的电气设备检修完，应该把故障现象、原因、检修经过、技巧、心得记录在专用笔记本上，学习掌握各种新型电气设备的机电理论知识、熟悉其工作原理、积累维修经验，将自己的经验上升为理论。在理论指导下，具体故障具体分析，才能准确、迅速地排除故障。只有这样才能把自己培养成为检修电气故障的行家里手。

五、仪表测量有关知识

（1）万用表使用的注意事项。

1）在使用万用表之前，应先进行"机械调零"，即在没有被测电量时，使万用表指针指在零电压或零电流的位置上。

2）在使用万用表过程中，不能用手去接触表笔的金属部分，这样一方面可以保证测量的准确，另一方面也可以保证人身安全。

3）在测量某一电量时，不能在测量的同时换挡，尤其是在测量高电压或大电流时，更应注意。否则，会使万用表毁坏。如需换挡，应先断开表笔，换挡后再去测量。

4）万用表在使用时，必须水平放置，以免造成误差。同时，还要注意到避免外界磁场对万用表的影响。

5）万用表使用完毕，应将转换开关置于交流电压的最大挡。如果长期不使用，还应将万用表内部的电池取出来，以免电池腐蚀表内其它器件。

（2）万用表欧姆挡的使用。

1）选择合适的倍率。在测量电阻时，应选适当的倍率，使指针指示在中值附近。最好不使用刻度左边 1/3 的部分，这部分刻度密集很差。

2）使用前要调零。

3）不能带电测量。

4）被测电阻不能有并联支路，包括人体电阻。

5）测量晶体管、电解电容等有极性元件的等效电阻时，必须注意两支笔的极性。

6）用万用表不同倍率的欧姆挡测量非线性元件的等效电阻时，测出电阻值是不相同的。这是由于各挡位的中值电阻和满度电流各不相同所造成的，机械表中，一般倍率越小，测出的阻值越小。

（3）用了用表测量电压。测量电压（或电流）时要选择好量程，如果用小量程去测量大电压，则会有烧毁万用表的危险；如果用大量程去测量小电压，那么指针偏转太小，无法读数。量程的选择应尽量使指针偏转到满刻度的 2/3 左右。如果事先不清楚被测电压的大小时，应先选择最高量程挡，然后逐渐减小到合适的量程。

1）交流电压的测量：将万用表的一个转换开关置于交、直流电压挡，另一个转换开关置于交流电压的合适量程上，万用表两表笔和被测电路或负载并联即可。

2）直流电压的测量：将万用表的一个转换开关置于交、直流电压挡，另一个转换开关置于直流电压的合适量程上，且"＋"表笔（红表笔）接到高电位处，"－"表笔（黑表笔）接到低电位处，即让电流从"＋"表笔流入，从"－"表笔流出。若表笔接反，表头指针会反方向偏转，容易撞弯指针。

（4）兆欧表的使用。

兆欧表测量在高电压条件下工作的真正绝缘电阻值。兆欧表也叫绝缘电阻表，它是测量绝缘电阻最常用的仪表。它在测量绝缘电阻时本身就有高电压电源，用它测量绝缘电阻既方便又可靠。

1）测试前的准备。测量前将被测设备切断电源，并短路接地放电 3～5min，特别是电容量大的，更应充分放电以消除残余静电荷引起的误差，保证正确的测量结果以及人身和设备的安全；被测物表面应擦干净，绝缘物表面的污染、潮湿，对绝缘的影响较大，而测量的目的是为了解电气设备内部的绝缘性能，一般都要求测量前用干净的布或棉纱擦净被测物，否则达不到检查的目的。

兆欧表在使用前应平稳放置在远离大电流导体和有外磁场的地方；测量前对兆欧表本身进行检查。开路检查，两根线不要绞在一起，将发电机摇动到额定转速，指针应指在"∞"位置。短路检查，将表笔短接，缓慢转动发电机手柄，看指针是否到"0"位置。若零位或无穷大达不到，说明兆欧表有毛病，必须进行检修。

2）接线。兆欧表的接线柱共有三个：一个为"L"即线端，一个"E"即地端，再一个"G"即屏蔽端（也叫保护环）。一般被测绝缘电阻都接在"L""E"端之间，但当被测绝缘体表面漏电严重时，必须将被测物的屏蔽环或不须测量的部分与"G"端相连接。这样漏电流就经由屏蔽端"G"直接流回发电机的负端形成回路，而不在流过兆欧表的测量机构，这样就从根本上消除了表面漏电流的影响。特别应该注意的是测量电缆线芯和外表之间的绝缘电阻时，一定要接好屏蔽端钮"G"，因为当空气湿度大或电缆绝缘表面又不干净时，其表面的漏电流将很大，为防止被测物因漏电而对其内部绝缘测量所造成的影响，一般在电缆外表加一个金属屏蔽环，与兆欧表的"G"端相连。

当用兆欧表摇测电器设备的绝缘电阻时，一定要注意"L"和"E"端不能接反。正确的接法是："L"线端钮接被测设备导体，"E"地端钮接地的设备外壳，"G"屏蔽端接被测设备的绝缘部分。如果将"L"和"E"接反了，流过绝缘体内及表面的漏电流经外壳汇集到地，由地经"L"流进测量线圈，使"G"失去屏蔽作用而给测量带来很大误差。另外，因为"E"端内部引线同外壳的绝缘程度比"L"端与外壳的绝缘程度要低，当兆欧表放在地上使用时，采用正确接线方式时，"E"端对仪表外壳和外壳对地的绝缘电阻，相当于短路，不会造成误差，而当"L"与"E"接反时，"E"对地的绝缘电阻同被测绝缘电阻并联，而使测量结果偏小，给测量带来较大误差。

3）测量。将兆欧表平稳放置，摇动发电机使转速达到额定转速（120 转/min）并保持稳定。一般采用一分钟以后的读数为准，当被测物电容量较大时，应延长时间，以指针稳定不变时为准。

六、根据前面的内容回答以下问题

请查阅资料，总结检修过程的安全注意事项，完成下列问题。

（1）你还记得如何使用试电笔吗？请简单地描述一下。

_____

_____

（2）使用万用表测量电阻的方法和注意事项你还记得吗？请简要地写一写。

_____

_____

（3）用万用表测量电压的方法和注意事项是什么？

_____

_____

（4）兆欧表的作用和使用方法是什么？

_____

_____

（5）请查阅资料，总结检修过程中测量仪表的使用注意事项。

（6）归纳总结发生故障后的一般检查和分析方法为：

1）了解故障发生的经过。

2）进行外表检查。

3）分析故障产生原因或范围。

4）断电检查：①检查电路的通断情况；②测量电路的阻值。

5）通电检查。通电试车也是进行故障现象调查的重要手段之一。在进行通电检查前或进行通电检查时要注意，通过初步检查，确认可能会使故障进一步扩大和造成人身、设备事故后，可进一步试车检查，试车中要注重有无严重跳火、异常气味、异常声音等现象，一经发现应立即停车，切断电源。注重检查电器的温升及电器的动作程序是否符合电气设备原理图的要求，从而发现故障部位。

通电检查时应注意以下几点：

①注意总停按钮和电源开关所在，发现不正常情况立即停车检查；

②不要随意触动带电电器；

③养成单手操作的习惯；

④一般可断开主电路，先检查控制电路。

有下列情况时不能通电检查：

①发生飞车和打坏传动机构；

②因短路烧坏熔断器，原因未查明；

③通电会烧坏电动机和电器等；

④尚未确定相序是否正确等。

（7）CA6140 车床常见电路故障分析。

1）三台电动机均不能起动。

①FU_1 熔断；

②FU_3 或动力配电箱熔断器熔断；

③线路没电。

2）主轴电机不能起动。

①热继电器动作后未恢复；

②KM_1 不吸合；SB_1 不能接通；KM_1 线圈引线断开；

③M_1 损坏。

3）主轴电动机起动后松开 SB_1，电机停转；无自锁。

4）按下 SB_1，电机嗡嗡不能起动——缺相，此时应该立即切断电源。

①动力配电箱一相熔断；

②KM_1 断了一根；

③M_1 绕组一相开焊。

5）按下停止按钮，主轴电机不停止。

①接触器触点熔焊，或被卡住；

②停止按钮的常闭触头被卡住；

③停止按钮绝缘击穿，或被短路。

6）冷却泵电机不能起动。

①主轴未起动；

②转换开关 SA_2 不能闭合；

③FU_1 熔断；

④FU_2 动作后未复位；

⑤KM_2 线圈损坏；

⑥M_2 损坏。

7）指示灯不亮。

①灯泡已坏；

②灯座接线断开；

③FU_4 熔断。

8）快速移动电机不能起动。

①SB_2 触点不能闭合；

②点动按钮 SB_3 不能闭合；

③KM_3 线圈断线或损坏；

④FU_2 熔断；

⑤M_3 损坏。

9）照明灯不亮。

①开关 SA_1 损坏；

②灯泡坏；

③FU_5 熔断；

④变压器副绕组烧坏。

对照本任务的学习目标，自检检查故障的思路、原则、一般方法是否胸中有数，对测量仪表的使用是否熟悉，对安全注意事项是否牢记在心。

学习活动 9　施工现场调研、制订维修方案、现场实施维修

学习目标：

(1) 能进行现场调研（包括与操作人员沟通、试车观察、查阅维修记录）。

(2) 能根据现场调研情况，分析故障范围，查找故障点，制订维修方案。

(3) 能列出所需工具和材料清单。

(4) 能采取正确的措施、合适的方法查找故障点，能迅速准确地排除故障。

(5) 能正确进行通电试车，能正确填写维修记录。

学习场地：设备现场。

学习课时：12 课时。

在前面做了充分的维修前的准备后，现在进入现场维修阶段。它包括现场调研、确定检修方案、实施维修三个阶段，简单地说就是查障排障的过程。在检修故障时应该遵循"观察和调查故障现象→分析故障原因大致范围→确定故障的具体部位"的操作步骤。向操作者和故障在场人员询问情况，包括询问以往有无发生过同样或类似故障，曾做过何种处理，有无更改过接线或更换过零件等；故障发生前有什么征兆，故障发生时有什么现象，当时的天气状况如何，电压是否太高或太低；故障外部表现、大致部位、发生故障时环境情况，如有无异常气体、明火、热源接近电器、有无腐蚀性气体侵入、有无漏水；如果故障发生在有关操作期间或之后，还应询问当时的操作内容以及方法步骤。了解情况要尽可能详细和真实，以期少走弯路。

根据调查的情况，看有关电器外部有无损坏、连线有无断路、松动，绝缘有无烧焦，螺旋熔断器的熔断指示器是否跳出，电器有无进水、油垢，开关位置是否正确等。

通过初步检查，确认没有会使故障进一步扩大和造成人身、设备事故的可能后，可进一步试车检查。试车中要注重有无严重跳火、异常气味、异常声音等现象，一经发现应立即停车，切断电源。注重检查电器的温升及电器的动作程序是否符合电气设备原理图的要求，从而发现故障部位。

在调查情况时要注意以下问题：

（1）观察和调查故障现象的主要手段有哪些？

_____

（2）需要与操作者和故障在场人员沟通的问题有哪些？

_____

（3）在与操作者和故障在场人员沟通后，还应该进行哪些初步检查？

_____

（4）通电试车也是进行故障现象调查的重要手段之一，请你想一想，如果要进行该项工作应该满足的前提和注意事项是什么？

_____

_____

每次检修工作都需要填写检修记录，这是一项非常重要的工作。认真阅读表 3－10 中的设备报修验收单，在查阅检修记录时应特别关注哪些信息？你知道检修记录对下次检修还有什么指导作用吗？

表 3-10 设备报修验收单

报修记录					
报修部门		报修人		报修时间	
报修级别	特急□ 急□ 一般□		希望完工时间		年 月 日以前
故障设备		设备编号		故障时间	
故障状况					

维修记录					
接单人及时间		预定完工时间			
派工					
故障原因					
维修类别	小修□ 中修□ 大修□				
维修情况					
维修起止时间		工时总计			
耗用材料名称	规格	数量	耗用材料名称	规格	数量
维修人员建议					

验收记录					
验收部门	维修开始时间		完工时间		
	维修结果				
				验收人:	日期:
设备部门				验收人:	日期:

注：本单一式两份，一联报修部门存根，一联交动力设备室。

（1）设备报修验收单中报修记录部分由谁填写？描述主要内容。

（2）根据故障现象分析故障大致范围是检修工作中不可或缺的重要环节，请填写表3-11。

表 3-11   故障分析表

故障现象描述		故障范围	分析原因
按下 SB1，主轴电动机 不起动	接触器 KM 吸合		
	接触器 KM 不吸合		

（3）把遇到的故障都按表 3-11 分析，指出范围，讨论，汇总后进行展示。

（4）请各小组排除教师预设的故障，并根据表 3-12 进行简要总结。

表 3-12   CA6140 车床电气控制线路检修评分标准

项目分配	配　分	评　分　标　准	扣　分
故障分析	30 分	1) 标不出故障线段或错标在故障回路以外	每个故障点 15 分
		2) 不能标出最小故障范围	每个点 5~10 分
排除故障	70 分	1) 停电不验电	5 分
		2) 工具集仪表使用不正确	每次 5 分
		3) 排除故障方法不正确	10 分
		4) 损坏电器元件	每个 40 分
		5) 不能排除查故障点	每个 35 分
		6) 产生新故障或扩大故障范围	每个 40 分
安全文明生产		违反安全文明生产规程	10~70 分
备　注		除定额时间外，各项最高扣分不得超过配分值	

进入通电试车交付验收阶段。

（1）维修完毕后，自检的内容有哪些？

_____

_____

（2）如何使用万用表进行自检，请叙述自检过程。

_____

_____

（3）通电试车是检修完成后的最后一道自检程序，你还记得车床的操作方法吗？请简述。

_____

_____

_____

·提示

通电试车的操作步骤：

1）合上电源开关 QS_1。

2）按 $SB_2 \rightarrow$ 主轴电机 M_1 运转。

3）合上 QS$_2$→冷却泵 M$_2$ 运转；断开 QS$_2$→冷却泵 M$_2$ 停止；按 SB$_1$→主轴电机 M$_1$、冷却泵电机 M$_2$ 停止。

4）按 SB$_3$→刀架快速移动电机 M$_2$ 运转（点动）。

（4）通电试车应满足哪些前提？操作时应注意哪些问题？

_____

_____

在现场调查时也涉及通电试车问题，和现在的操作是否相同？

（5）你的维修工作完成了吗？还需要做哪些事？具体工作是什么？

_____

_____

你的防护措施拆除了吗？现场清理了吗？

（6）现在小组讨论，将报修验收单填全，并作展示。

（7）填写报修验收单的意义是什么？

_____

_____

（8）报修验收单填写完成后，该怎么处理？

_____

_____

_____

学习活动 10 工作总结和评价

学习目标：对照前面各项任务的学习目标，认真检查自己学习过程完成情况，归纳总结自己学习的收获，并与同学们分享。

学习场地：教室。

学习课时：2 课时。

一、学习内容

（1）请你简要叙述在 CA6140 车床电器控制线路检修工作中学到了什么知识。

_____

_____

（2）请回顾你的操作过程，简要叙述在 CA6140 车床电器控制线路检修工作中掌握了哪些技能。

_____

_____

（3）请指出维修电工必须具备哪些职业素养。

_____

_____

（4）讨论总结小组在检修工作过程中还存在哪些不足，如何进行改进。

_____

_____

（5）小组交流课程学习回顾，研讨你们组如何展示学习成果，记录在表 3 – 13 中。

_____

_____

（6）谈谈自己怎样自觉遵守电工安全操作规程。

_____

_____

表 3 – 13 学习过程经典经验记录表

序　号	学习过程描述	经典经验

二、评价

评价结论以"很满意、比较满意、还要加把劲"等评价为好，因为它能更有效地帮助和促进学生的发展。小组成员互评，在你认为合适的地方打√。组长评价、教师评价考核采用 A、B、C（见表 3 – 14）。

表 3 – 14 项目一体化学习总评价表

项目	自我评价			小组评价			教师评价		
	A	B	C	A	B	C	A	B	C
出勤时间观念									
学习活动 1									
学习活动 2									
学习活动 3									
学习活动 4									
学习活动 5									
学习活动 6									
学习活动 7									
学习活动 8									
学习活动 9									
学习活动 10									
综合评价									
总评建议（指导教师）							总成绩		
备注									

学习任务四

M7130 型平面磨床电气控制线路的安装与调试

【学习目标】

（1）能识读原理图，明确常见低压电器的图形符号、文字符号，控制器件的动作过程，控制原理。

（2）能识读安装图、接线图，明确安装要求，确定元器件、控制柜、电动机等安装位置，确保正确连接线路。

（3）能识别和选用元器件，核查其型号与规格是否符合图纸要求，并进行外观检查。

（4）能按图纸、工艺要求、安全规范和设备要求安装元器件，按图接线，实现控制线路的正确连接。

（5）能用仪表进行测试检查，验证电路安装的正确性，能按照安全操作规程正确通电试车。

（6）能正确标注有关控制功能的铭牌标签。

（7）按照"6S"管理规定整理工具，清理施工现场。

【建议课时】

44 课时。

【工作流程与活动】

（1）明确工作任务。

（2）元器件的学习。

（3）勘查施工现场，识读电气控制电路图。

（4）制订工作计划，列举元器件和材料清单。

（5）现场施工。

（6）施工项目验收。

（7）工作总结与评价。

为了满足实训需要，我校要为实训楼的 10 个实训室均配置平面磨床一台，机加工车间有闲置磨床，但电气控制部分严重老化无法正常工作，需进行重新安装。我班接受此任务，要求在规定期限完成安装、调试，并交有关人员验收。

学习活动 1 明确工作任务

学习目标：

（1）能阅读"M7130 型平面磨床电气控制线路的维修"工作任务单。

（2）能明确工时、工艺要求。

（3）能明确个人任务要求。

（4）能明确 M7130 型平面磨床的作用及运动形式。

学习地点：教室。

学习课时：2 课时。

一、阅读设备维修联系单（见表 4 - 1），填写表格

表 4 - 1   设备维修联系单

保修部门		班组			保修时间		月 日 时
设备名称		型号			设备编号		
请修人			联系电话				
故障现象							
故障排除记录							
备注							
维修时间					计划工时		
维修人		日期	年 月 时				
验收人		日期	月 日 时				

二、磨床基本知识

磨床（如图 4 - 1 所示）是利用磨具对工件表面进行磨削加工的机床。大多数的磨床是使用高速旋转的砂轮进行磨削加工，少数的是使用油石、砂带等其他磨具和游离磨料进行加工，如珩磨机、超精加工机床、砂带磨床、研磨机和抛光机等。

平面磨床是磨床的一种，主要用砂轮旋转研磨工件以使其可达到要求的平整度。平面磨床的工作台根据形状可分为矩形工作台和圆形工作台两种，矩形工作台平面磨床的主参数为工作台宽度及长度，圆形工作台平面磨床的主参数为工作台面直径。根据轴类的不同平面磨床可分为卧轴磨床及立轴磨床，如 M7432 立轴圆台平面磨床，M7130 卧轴矩台平面磨床。

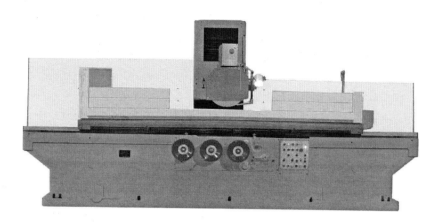

图 4-1 磨床

目前国内平面磨床主要品牌有：深圳宝成磨床、台湾大同磨床、台湾建德磨床、台湾宇青磨床、台湾向晖磨床、台湾普发磨床。

目前我国平面磨床的主要生产厂家有：深圳隆盛、广州力通、杭州大丰、无锡耐可、昆山雅力大、苏州宇青。

1. 基本分类

磨削工件平面或成型表面的一类磨床，主要类型有卧轴矩台、卧轴圆台、立轴矩台、立轴圆台和各种专用平面磨床。

2. 结构特点

（1）卧轴矩台平面磨床。工件由矩形电磁工作台吸住或夹持在工作台上，并作纵向往复运动。砂轮架可沿滑座的燕尾导轨进行横向间歇进给运动，滑座可沿立柱的导轨进行垂直间歇进给运动，用砂轮周边磨削工件，磨削精度较高。

（2）立轴圆台平面磨床。竖直安置的砂轮主轴以砂轮端面磨削工件，砂轮架可沿立柱的导轨进行间歇的垂直进给运动。工件装在旋转的圆工作台上可连续磨削，生产效率较高。为了便于装卸工件，圆工作台还能沿床身导轨纵向移动。

（3）卧轴圆台平面磨床，适用于磨削圆形薄片工件，并可利用工作台倾斜磨出厚薄不等的环形工件。

（4）立轴矩台平面磨床。由于砂轮直径大于工作台宽度，磨削面积较大，适用于高效磨削。

（5）双端面磨床：利用两个磨头的砂轮端面同时磨削工件的两个平行平面，有卧轴和立轴两种型式。工件由直线式或旋转式等送料装置引导通过砂轮。这种磨床效率很高，适用于大批量生产轴承环和活塞环等零件。此外，还有专用于磨削机床导轨面的导轨磨床、磨削透平叶片型面的专用磨床等。

三、自我评价

各同学根据对设备维修联系单及立钻的理解，完成自我评价。

各组同学通过多媒体、网络、书籍等资料查找平面磨床型号、机械加工时的作用，并做好记录。

四、资料查找

各组展示收集到的磨床型号，说明机械加工时的作用及运动形式。

五、教师点评

（1）找出各组的优点进行点评。

（2）展示过程中的不足进行点评，改进方法。

（3）指出整个任务中出现的亮点和不足。

学习活动 2 　元器件的学习

学习目标：

（1）认识本任务所用低压电器，了解它们的结构、工作原理、用途、型号及应用场合。

（2）能准确识读电器元件符号。

（3）能对电器元件进行检测。

学习地点：教室。

学习课时：8 课时。

一、回答相关问题，完成学习过程

（1）什么是低压电器，举出你所知道的电器？

_____

（2）低压电器是如何分类的？

_____

二、检测各种元器件

检查元器件的质量。仔细观察不同系列规格的电器，熟悉它们的外形、型号及主要技术参数，熟悉它们的结构，认清主触点、辅助常开触点和常闭触点、线圈的接线柱等。

在未通电的情况下，用万用表检查各触点的分、断情况是否良好。检验接触器时，应拆卸灭弧罩，用手同时按下三副主触点并用力均匀。

三、相关信息收集

通过网络或走访低压电器生产厂家、商店和使用单位，可以认识更多的刀开关、熔断器、接触器、按钮、继电器，了解电器实物的各种知识，对正确选用低压电器有较大的帮助。

各组展示收集到的各种低压电器（实物或图片），分别介绍它们的作用。

四、教师点评

（1）找出各组的优点点评。

（2）展示过程中的不足点评，改进方法。

（3）整个任务中出现的亮点和不足。

学习活动3　勘查设备现场，识读电气控制电路图

学习目标：电气控制原理图的绘制规则；会分析电气原理图；能画出接线图。

学习地点：设备现场。

学习课时：12课时。

一、回答相关问题，完成学习过程

（1）什么是电气原理图？在电气原理图中，电源电路、主电路、控制电路、指示电路和照明电路一般怎么布局？

（2）电气原理图中，怎样判别同一电器的不同元件？

二、电气线路图的图形、文字及符号

1. 常用电气图形符号和文字符号

电气原理图中电气元件的图形符号和文字符号必须符合国家标准规定。一般来说，电气行业的国家标准是在参照国际电工委员会（IEC）和国际标准化组织（ISO）所颁布标准的基础上制定的。近几年来，有关电气图形符号和文字符号的国家标准变化较大。GB 4728—1984《电气简图用图形符号》更改较大，而GB 7159—1987《电气技术中的文字符号制订通则》早已废止。现在与电气制图有关的主要国家标准有：

（1）GB/T 4728—2005～2008：《电气简图用图形符号》；

（2）GB/T 5465—2008～2009：《电气设备用图形符号》；

（3）GB/T 20063—2006～2009：《简图用图形符号》；

（4）GB/T 5094—2002～2005：《工业系统、装置与设备以及工业产品——结构原则与参照代号》；

（5）GB/T 20939—2007：《技术产品及技术产品文件结构原则　字母代码——按项目用途和任务划分的主类和子类》；

（6）GB/T 6988—2006～2008：《电气技术用文件的编制》。

最新的《电气简图用图形符号》国家标准GB/T 4728—2005～2008的具体内容包括：

（1）GB/T 4728.1—2005 第1部分：一般要求；

（2）GB/T 4728.2—2005 第2部分：符号要素、限定符号和其他常用符号；

（3）GB/T 4728.3—2005 第3部分：导体和连接件；

（4）GB/T 4728.4—2005 第4部分：基本无源件；

（5）GB/T 4728.5—2005 第5部分：半导体管和电子管；

（6）GB/T 4728.6—2008 第6部分：电能的发生与转换；

（7）GB/T 4728.7—2008 第 7 部分：开关、控制和保护器件；

（8）GB/T 4728.8—2008 第 8 部分：测量仪表、灯和信号器件；

（9）GB/T 4728.9—2008 第 9 部分：电信　交换和外围设备；

（10）GB/T 4728.10—2008 第 10 部分：电信　传输；

（11）GB/T 4728.11—2008 第 11 部分：建筑安装平面布置图；

（12）GB/T 4728.12—2008 第 12 部分：二进制逻辑元件；

（13）GB/T 4728.13—2008 第 13 部分：模拟元件。

最新的《电气设备用图形符号》国家标准 GB/T 5465—2008～2009 的具体内容包括：

（1）GB/T 5465.1—2009 第 1 部分：原形符号的生成；

（2）GB/T 5465.2—2008 第 2 部分：图形符号。

本书还参考了《简图用图形符号》国家标准 GB/T 20063—2006～2009，和本书有关的部分有：

（1）GB/T 20063.2—2006 第 2 部分：符号的一般应用；

（2）GB/T 20063.4—2006 第 4 部分：调节器及其相关设备；

（3）GB/T 20063.5—2006 第 5 部分：测量与控制装置；

（4）GB/T 20063.6—2006 第 6 部分：测量与控制功能；

（5）GB/T 20063.7—2006 第 7 部分：基本机械构件；

（6）GB/T 20063.8—2006 第 8 部分：阀与阻尼器。

电气元器件的文字符号一般由 2 个字母组成。第一个字母在《工业系统、装置与设备以及工业产品——结构原则与参照代号》国家标准 GB/T 5094.2—2003 中的"项目的分类与分类码"中给出；而第二个字母在《技术产品及技术产品文件结构原则　字母代码——按项目用途和任务划分的主类和子类》国家标准 GB/T 20939—2007 中给出。本书采用最新的文字符号来标注各电气元器件。由于某些元器件的文字符号存在多个选择，若有关行业在国家标准的基础上制定一些行规，则在以后的使用中文字表示符号可能还会发生一些改变。

电气元器件的第一个字母，即 GB/T 5094.2—2003 的"项目的分类与分类码"如表 4-1 所示。

表 4-1　　　　　　　　GB/T 5094.2—2003 中项目的字母代码（主类）

代　码	项目的用途或任务
A	两种或两种以上的用途或任务
B	把某一输入变量（物理性质、条件或事件）转换为供进一步处理的信号
C	材料、能量或信息的存储
D	为将来标准化备用
E	提供辐射能或热能
F	直接防止（自动）能量流、信息流、人身或设备发生危险的或意外的情况，包括用于防护的系统和设备
G	起动能量流或材料流，产生用做信息载体或参考源的信号
H	产生新类型材料或产品

代　码	项目的用途或任务
J	为将来标准化备用
K	处理（接收、加工和提供）信号或信息（用于保护目的的项目除外，见 F 类）
L	为将来标准化备用
M	提供用于驱动的机械能量（旋转或线性机械运动）
N	为将来标准化备用
P	信息表述
Q	受控切换或改变能量流、信号流或材料流（对于控制电路中的开/关信号，见 K 类或 S 类）
R	限制或稳定能量、信息或材料的运动或流动
S	把手动操作转变为进一步处理的特定信号
T	保持能量性质不变的能量变换，已建立的信号保持信息内容不变的变换，材料形态或形状的变换
U	保持物体在指定位置
V	材料或产品的处理（包括预处理和后处理）
W	从一地到另一地导引或输送能量、信号、材料或产品
X	连接物
Y	为将来标准化备用
Z	为将来标准化备用

电气元器件的第二个字母，即 GB/T 20939—2007 中子类字母的代码如表 4-2 所列。

表 4-1 中定义的主类在表 4-2 中被细分成子类。注意：其中字母代码 B 的主类的子类字母代码是按 ISO 3511—1 定义的。从表 4-2 可以看出和电气元器件关系密切的子类字母是 A～K。

表 4-2　　子类字母代码的应用领域

子类字母代码	项目、任务基于	子类字母代码	项目、任务基于
A B C D E	电能	L M N P Q R S T U V W X Y	机械工程 结构工程 （非电工程）
F G H J K	信息、信号	Z	组合任务

电气控制线路中的图形和文字符号必须符合最新的国家标准。在综合几个最新的国家标准的基础上，经过筛选后，在表 4-3 中列出了一些常用的电气图形符号和文字符号。

表 4-3   电气控制线路中常用图形符号和文字符号

名　称	图形符号	文字符号 新国标 (GB/T 5094—2003 GB/T 20939—2007)	文字符号 旧国标 (GB 7159—1987)	说　明
1. 电源				
正极	＋	—	—	正极
负极	—	—	—	负极
中性（中性线）	N	—	—	中性（中性线）
中间线	M	—	—	中间线
直流系统电源线	L＋ L－	—	—	直流系统正电源线 直流系统负电源线
交流电源三相	L1 L2 L3	—	—	交流系统电源第一相 交流系统电源第二相 交流系统电源第三相
交流设备三相	U V W	—	—	交流系统设备端第一相 交流系统设备端第二相 交流系统设备端第三相
2. 接地和接机壳、等电位				
接地		XE	PE	接地一般符号 地一般符号
				保护接地
				外壳接地
				屏蔽层接地
				接机壳、接底板
3. 导体和连接器件				
导线		WD	W	连线、连接、连线组，示例：导线、电缆、电线、传输通路，如用单线表示一组导线时，导线的数目可标以相应数量的短斜线或一个短斜线后加导线的数字
				屏蔽导线
				纹合导线

名　称	图形符号	文字符号		说　明
		新国标 (GB/T 5094—2003 GB/T 20939—2007)	旧国标 (GB 7159—1987)	
端子	● ○ 水平画法 ⊖ 垂直法 ⊖ ◯—	XD	X	连接、连接点 端子 装置端子 连接孔端子
4. 基本无源元件				
电阻	（电阻器符号）	RA	R	电阻器一般符号 可调电阻器 带滑动触点的电位器 光敏电阻
电感	⌒⌒⌒⌒			电感器、线圈、绕组、扼流圈
电容	⊥	CA	L C	电容器一般符号
5. 半导体器件				
二极管	▽	RA	V	半导体二极管一般符号
光电二极管	▽			光电二极管
发光二极管	▽	PG	VL	发光二极管一般符号

93

名　称	图形符号	文字符号		说　明
		新国标 (GB/T 5094—2003 GB/T 20939—2007)	旧国标 (GB 7159—1987)	
三极晶体闸流管		QA	VR	反向阻断三极晶体闸流管， P 型控制极 （阴极侧受控）
				反向导通三极晶体闸流管， N 型控制极 （阳极侧受控）
				反向导通三极 晶体闸流管，P 型控 制极（阴极侧受控）
				双向三极晶体闸流管
三极管		KF	VT	PNP 半导体管
				NPN 半导体管
光敏三极管			V	光敏三极管（PNP 型）
光耦合器				光耦合器 光隔离器

名　称	图形符号	文字符号		说　明
		新国标 (GB/T 5094—2003 GB/T 20939—2007)	旧国标 (GB 7159—1987)	
6. 电能的发生和转换				
电动机	✳	MA 电动机	M	电动机的一般符号，符号内的星号"✳"用下述字母之一代替： 　C—旋转变流机；G—发电动机； 　GS—同步发电动机；M—电动机； 　MG—能作为发电动机或电动机使用的电动机； 　MS—同步电动机
		GA 发电机	G	
	M 3~	MA	MA	三相笼型异步电动机
	M		M	步进电动机
	MS 3~		MV	三相永磁同步交流电动机

95

名　　称	图形符号		文字符号		说　　明
			新国标 (GB/T 5094—2003 GB/T 20939—2007)	旧国标 (GB 7159—1987)	
双绕组变压器	样式1		TA	T	双绕组变压器 画出铁芯
	样式2				双绕组变压器
自耦变压器	样式1			TA	自耦变压器
	样式2				
电抗器			RA	L	扼流圈 电抗器
电流互感器	样式1		BE	TA	电流互感器 脉冲变压器
	样式2				
电压互感器	样式1			TV	电压互感器
	样式2				
发生器			GF	GS	电能发生器一般符号 信号发生器一般符号 波形发生器一般符号
					脉冲发生器
蓄电池			GB	GB	原电池、蓄电池,原电池 或蓄电池组,长线代表阳 极,短线代表阴极
					光电池

名　称	图形符号	文字符号		说　明
		新国标 （GB/T 5094—2003 GB/T 20939—2007）	旧国标 （GB 7159—1987）	
变换器			B	变换器一般符号
整流器		TB	U	整流器
				桥式全波整流器
变频器	f_1 f_2	TA		变频器频率由 f_1 变到 f_2，f_1 和 f_2 可用输入和输出频率数值代替
7. 触点				
触点			KA KM KT KI KV 等	动合（常开）触点 本符号也可用做开关的一般符号
				动断（常闭）触点
延时动作触点		F	KT	当操作器件被吸合时延时闭合的动合触点
				当操作器件被释放时延时断开的动合触点
				当操作器件被吸合时延时断开的动断触点
				当操作器件被释放时延时闭合的动断触点

名　　称	图形符号	文字符号		说　　明
		新国标 (GB/T 5094—2003 GB/T 20939—2007)	旧国标 (GB 7159—1987)	
8. 开关及开关部件				
单极开关		SF	S	手动操作开关一般符号
			SB	具有动合触点且自动复位的按钮
				具有动断触点且自动复位的按钮
			SA	具有动合触点但无自动复位的拉拔开关
				具有动合触点但无自动复位的旋转开关
				钥匙动合开关
				钥匙动断开关
位置开关		BG	SQ	位置开关、动合触点
				位置开关、动断触点

名　称	图形符号	文字符号		说　明
		新国标 (GB/T 5094—2003 GB/T 20939—2007)	旧国标 (GB 7159—1987)	
电力开关器件		QA	KM	接触器的主动合触点（在非动作位置触点断开）
				接触器的主动断触点（在非动作位置触点闭合）
			QF	断路器
		QAB	QS	隔离开关
				三极隔离开关
				负荷开关 负荷隔离开关
				具有由内装的量度继电器或脱扣器触发的自动释放功能的负荷开关
9. 检测传感器类开关				
开关及触点		BG	SQ	接近开关
			SL	液位开关
		BS	KS	速度继电器触点

99

名　　称	图形符号	文字符号		说　　明
		新国标 (GB/T 5094—2003 GB/T 20939—2007)	旧国标 (GB 7159—1987)	
开关及触点		BB	FR	热继电器常闭触点
		BT	ST	热敏自动开关（例如双金属片）
	$\theta <$			温度控制开关（当温度低于设定值时动作），把符号"＜"改为"＞"后，温度开关就表示当温度高于设定值时动作
	$p >$	BP	SP	压力控制开关
		KF	SSR	固态继电器触点
			SP	光电开关

10. 继电器操作

名　　称	图形符号	文字符号		说　　明
线圈		QA	KM	接触器线圈
		MB	YA	电磁铁线圈
		KF	K	电磁继电器线圈一般符号
			KT	延时释放继电器的线圈
			KT	延时吸合继电器的线圈
	U<		KV	欠电压继电器线圈，把符号"＜"改为"＞"表示过电压继电器线圈

名　称	图形符号	文字符号		说　明
		新国标 (GB/T 5094—2003 GB/T 20939—2007)	旧国标 (GB 7159—1987)	
线圈	$I>$	KF	KI	过电流继电器线圈，把符号">"改为"<"表示欠电电流继电器线圈
			SSR	固态继电器驱动器件
		BB	FR	热继电器驱动器件
		MB	YV	电磁阀
			YB	电磁制动器
11. 熔断器和熔断器式开关				
熔断器		FA	FU	熔断器式开关
熔断器式开关		QA	QKF	熔断器式开关
				熔断器式隔离开关
12. 指示仪表				
指示仪表	V	PG	PV	电压表

名　称	图形符号	文字符号		说　明
		新国标 (GB/T 5094—2003 GB/T 20939—2007)	旧国标 (GB 7159—1987)	
指示仪表	（图形）	PG	PA	检流计

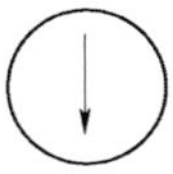

13. 灯和信号器件

名称	图形符号	新国标	旧国标	说明
灯信号、器件	（图形）	EA	EL	灯一般符号，信号灯一般符号
		PG	HL	
	（图形）	PG	HL	闪光信号灯
	（图形）	PB	HA	电铃
	（图形）		HZ	蜂鸣器

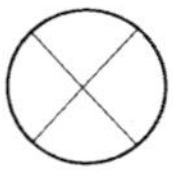

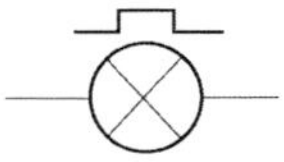

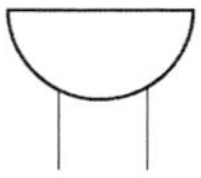

14. 测量传感器及变送器

名称	图形符号	新国标	旧国标	说明
传感器	（图形）或（图形）	B	—	星号可用字母代替，前者还可以用图形符号代替，尖端表示感应或进入端
变送器	（图形）或（图形）	TF	—	星号可用字母代替，前者还可以用图形符号代替，后者用图形符号时放在下边空白处；双星号用输出量字母代替
压力变送器	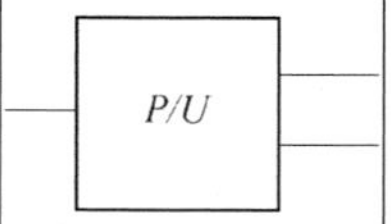 P/U	BP	SP	输出为电压信号的压力变送器通用符号；输出若为电流信号，可把图中文字改为 P/I，可在图中方框下部的空白处增加小图标表示传感器的类型

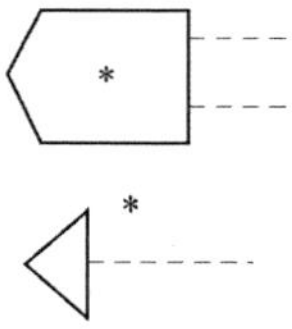

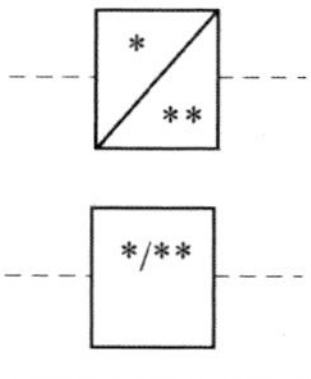

102

名 称	图形符号	文字符号		说 明
		新国标 (GB/T 5094—2003 GB/T 20939—2007)	旧国标 (GB 7159—1987)	
流量计	f/I	BF	F	输出为电流信号的流量计通用符号；输出若为电压信号，可把图中文字改为 f/U。图中的线段表示管线。可在图中方框下部的空白处增加小图标表示传感器的类型
温度变送器	θ/U +	BT	ST	输出为电压信号的热电偶型温度变送器。输出若为电流信号，可把图中文字改为 θ/I。其他类型变送器可更改图中方框下部的小图标

三、分析 M7130 型平面磨床电气原理图，回答问题

M7130 型平面磨床的电气原理图如图 4－2 所示。

1. 主电路

三相交流电源由电源开关 QS 引入，由 FU_1 作全电路的短路保护。砂轮电动机 M_1 和液压电动机 M_3 分别由接触器 KM_1、KM_2 控制，并分别由热继电器 FR_1、FR_2 作过负荷保护。由于磨床的冷却泵箱是与床身分开安装的，所以冷却泵电动机 M_2 由插头插座 X_1 接通电源，在需要提供冷却液时才插上。M_2 受 M_1 起动和停转的控制。由于 M_2 的容量较小，因此不需要过载保护。三台电动机均直接起动，单向旋转。

2. 控制电路

控制电路采用 380V 电源，由 FU_2 作短路保护。SB_1、SB_2 和 SB_3、SB_4 分别为 M_1 和 M_3 的起动、停止按钮，通过 KM_1、KM_2 控制 M_1 和 M_3 的起动、停止。

3. 电磁吸盘电路

电磁吸盘结构与工作原理示意图如图 4－3 所示，其线圈通电后产生电磁吸力，以吸持铁磁性材料的工件进行磨削加工。与机械夹具相比较，电磁吸盘具有操作简便、不损伤工件的优点，特别适合于同时加工多个小工件；采用电磁吸盘的另一优点是工件在磨削时发热能够自由伸缩，不至于变形。但是电磁吸盘不能吸持非铁磁性材料的工件，而且其线圈还必须使用直流电。

如图 4－2 所示，变压器 T_1 将 220V 交流电降压至 127 V 后，经桥式整流器 VC 变成 110V 直流电压供给电磁吸盘线圈 YH。SA_2 是电磁吸盘的控制开关，待加工时，将 SA_2 扳至右边的"吸合"位置，触点（301—303）、（302—304）接通，电磁吸盘线圈通电，产生电磁吸力将工件牢牢吸持。加工结束后，将 SA_2 扳至中间的"放松"位置，电磁吸盘线圈断电，可将工件取下。如果工件有剩磁难以取下，可将 SA_2 扳至左边的"退磁"位

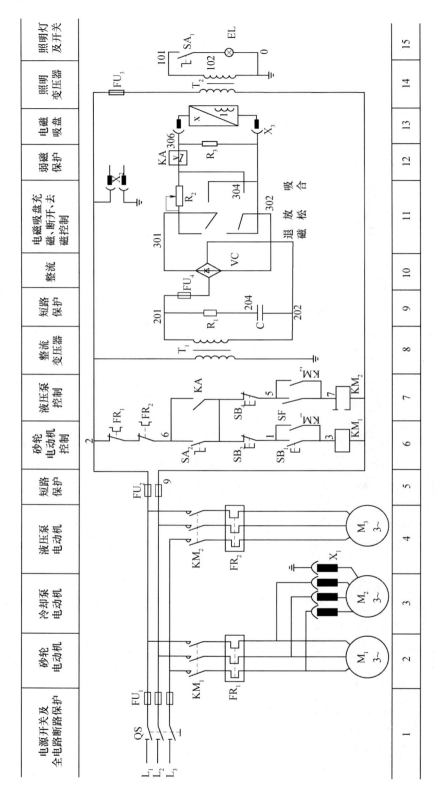

照明灯及开关	照明变压器	电磁吸盘	弱磁保护	电磁吸盘充磁、断开、去磁控制	整流	短路保护	整流变压器	液压泵控制	砂轮电动机控制	短路保护	液压泵电动机	冷却泵电动机	砂轮电动机	电源开关及全电路断路保护
15	14	13	12	11	10	9	8	7	6	5	4	3	2	1

图 4-2 M7130 型平面磨床电气原理图

104

置，触点（301—305）、（302—303）接通，可见此时线圈通以反向电流产生反向磁场，对工件进行退磁，注意这时要控制退磁的时间，否则工件会因反向充磁而更难取下。R_2用于调节退磁的电流。采用电磁吸盘的磨床还配有专用的交流退磁器，如图 4-4 所示。如果退磁不够彻底，可以使用退磁器退去剩磁，X_2 是退磁器的电源插座。

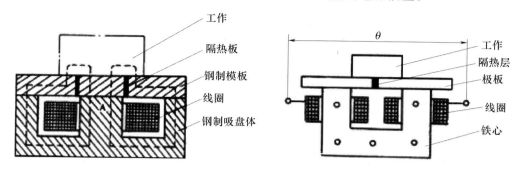

图 4-3　电磁吸盘的结构与原理　　　　图 4-4　交流去磁器的结构与原理

4.电气保护环节

除常规的电路短路保护和电动机的过载保护之外，电磁吸盘电路还专门设有一些保护环节。

（1）电磁吸盘的弱磁保护。采用电磁吸盘来吸持工件有许多好处，但在进行磨削加工时一旦电磁吸力不足，就会造成工件飞出事故。因此在电磁吸盘线圈电路中串入欠电流继电器 KA 的线圈，KA 的动合触点与 SA_2 的一对动合触点并联，串接在控制砂轮电动机 M_1 的接触器 KM_1 线圈支路中，SA_2 的动合触点（6—8）只有在"退磁"挡才接通，而在"吸合"挡是断开的，这就保证了电磁吸盘在吸持工件时必须保证有足够的充磁电流，才能起动砂轮电动机 M_1；在加工过程中一旦电流不足，欠电流继电器 KA 动作，能够及时地切断 KM_1 线圈电路，使砂轮电动机 M_1 停转，避免事故发生。如果不使用电磁吸盘，可以将其插头从插座 X_3 上拔出，将 SA_2 扳至"退磁"挡，此时 SA_2 的触点（6—8）接通，不影响对各台电动机的操作。

（2）电磁吸盘线圈的过电压保护。电磁吸盘线圈的电感量较大，当 SA_2 在各档间转换时，线圈会产生很大的自感电动势，使线圈的绝缘和电器的触点损坏。因此在电磁吸盘线圈两端并联电阻器 R_3 作为放电回路。

（3）整流器的过电压保护。在整流变压器 T_1 的二次侧并联由 R_1、C 组成的阻容吸收电路，用以吸收交流电路产生的过电压和在直流侧电路通断时产生的浪涌电压，对整流器进行过电压保护。

5.照明电路

照明变压器 T_2 将380V 交流电压降至 36V 安全电压供给照明灯 EL，EL 的一端接地，SA_1 为灯开关，由 FU_3 提供照明电路的短路保护。

四、M7130 型平面磨床常见电气故障的诊断与检修（见图 4-5）

M7130 型平面磨床电路与其他机床电路的主要不同是电磁吸盘电路，在此主要分析电磁吸盘电路的故障。

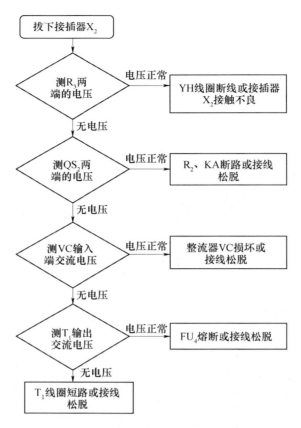

图 4-5 M7130 型平面磨床常见电气故障的诊断与检修

1. 电磁吸盘没有吸力或吸力不足

如果电磁吸盘没有吸力，首先应检查电源，从整流变压器 T_1 的一次侧到二次侧，再检查到整流器 VC 输出的直流电压是否正常；检查熔断器 FU_1、FU_2、FU_4；检查 SA_2 的触点、插头插座 X_3 是否接触良好；检查欠电流继电器 KA 的线圈有无断路；一直检查到电磁吸盘线圈 YH 两端有无 110V 直流电压。如果电压正常，电磁吸盘仍无吸力，则需要检查 YH 有无断线。如果是电磁吸盘的吸力不足，则多半是工作电压低于额定值，如桥式整流电路的某一桥臂出现故障，使全波整流变成半波整流，VC 输出的直流电压下降了一半；也可能是 YH 线圈局部短路，使空载时 VC 输出电压正常，而接上 YH 后电压低于正常值 110V。

2. 电磁吸盘退磁效果差

应检查退磁回路有无断开或元件损坏。如果退磁的电压过高也会影响退磁效果，应调节 R2 使退磁电压一般为 5～10V。此外，还应考虑是否有退磁操作不当的原因，如退磁时间过长。

3. 控制电路触点（6-8）的电气故障

平面磨床电路较容易产生的故障还有控制电路中由 SA2 和 KA 的动合触点并联的部分。如果 SA2 和 KA 的触点接触不良，使触点（6-8）间不能接通，则会造成 M1 和 M2

无法正常起动，平时应特别注意检查。

学习活动 4　制订工作计划，列出元器件和材料清单

学习目标：能根据任务要求，制定工作计划，列举所需材料清单。
学习地点：设备现场。
学习课时：4 课时。

· 引导问题
(1) 根据任务要求，制订小组工作计划，并对小组成员进行分工。

_____

(2) 请列举本任务的工具清单。

_____

(3) 请列举本任务的电气元件清单（见表 4 - 10）。

_____

· 提示
1. 接触器的选择
(1) 根据负载性质选择接触器的类型。通常根据交流负载选择交流接触器、根据直流负载选择直流接触器。如用交流接触器控制直流负载（灭弧困难），要提高一个等级选配交流接触器。
(2) 接触器主触点的额定电压应大于或等于主电路工作电压。
(3) 接触器主触点额定电流应大于或等于被控电路的额定电流。对于电动机负载，还应根据其运行方式（频繁起动、制动及正反转）降低一个等级使用。
(4) 吸引线圈的额定电压与频率要与所在控制电路的选用电压和频率相一致。控制线路简单时，直接选用 380V 或 220V 的电压。控制线路复杂时（使用电器超过 5 个时）可选用 127V、110V 或更低电压的线圈。
2. 熔断器熔体电流的选择
(1) 对被控负载电流较平稳（无冲击电流）的作短路保护时熔体的额定电流应等于或稍大于负载的额定电流。

表 4 - 4　　　　　　　　　　　M7130 平面磨床电气元件明细表

代号	名　称	型　号	规　格	数量	用　途
M_1	砂轮电动机	W451 - 4	4.5kW　220/380V　1440r/min	1	驱动砂轮
M_2	冷却泵电动机	JCB - 22	125W　220/380V　2790r/min	1	驱动冷却泵
M_3	液压泵电动机	JO42 - 4	2.8kW　220/380V　1450r/min	1	驱动液压泵
QS_1	电源开关	HZ1 - 25/3		1	引入电源
QS_2	转换开关	HZ1 - 10P/3		1	控制电磁吸盘
SA	照明灯开关			1	控制照明灯

代号	名 称	型 号	规 格	数量	用 途
FU₁	熔断器	RL1－60/30	60A 熔体30A	3	电源保护
FU₂	熔断器	RL1－15/5	15A 熔体5A	2	控制电路短路保护
FU₃	熔断器	BLX－1	1A	1	照明电路短路保护
FU₄	熔断器	RL1－15/2	15A 熔体2A	1	保护电磁吸盘
KM₁	接触器	CJ10－10	线圈电压380V	1	控制 M₁
KM₂	接触器	CJ10－10	线圈电压380V	1	控制 M₃
KH₁	热继电器	JR10－10	整定电流9.5A	1	M₁ 过载保护
KH₂	热继电器	JR10－10	整定电流6.1A	1	M₃ 过载保护
T₁	整流变压器	BK－400	400V·A 220/145A	1	降压
T₂	照明变压器	BK－50	50V·A 380/36V	1	降压
VC	硅整流器	GZH	1A 200V	1	输出直流电压
YH	电磁吸盘		1.2A 110V	1	工件夹具
KA	欠电流继电器	JT3－11L	1.5A	1	保护用
SB₁	按钮	LA2	绿色	1	起动 M₁
SB₂	按钮	LA2	红色	1	停止 M₁
SB₃	按钮	LA2	绿色	1	起动 M₃
SB₄	按钮	LA2	红色	1	停止 M₃
R₁	电阻器	GF	6W 125Ω	1	放电保护电阻
R₂	电阻器	GF	50W 1000Ω	1	退磁电阻
R₃	电阻器	GF	50W 500Ω	1	放电保护电阻
C	电容器		600V 5μF	1	保护用电容
EL	照明灯	JD3	24V 40W	1	工作照明
X₁	接插器	CY0－36		1	控制 M₂
X₂	接插器	CY0－36		1	电磁吸盘用
Xₛ	插座		250V 5A	1	退磁器用
附件	退磁器	TC1TH/H		1	工件退磁用

（2）对单台不频繁起动、起动时间不长的电动机作短路保护时，熔体的额定电流应大于或等于电动机额定电流的 1.5～2.5 倍。

（3）对单台频繁起动或起动时间较长的电动机作短路保护时，熔体的额定电流应大于或等于电动机额定电流的 3～3.5 倍。

（4）对多台电动机作短路保护时，熔体的额定电流应大于或等于最大一台电动机的额定电流的 1.5～2.5 倍再加上其余电动机额定电流的总和。

3. 熔断器额定电压和额定电流的选择

熔断器额定电压必须等于或大于线路的额定电压，熔断器额定电流必须等于或大于所配熔体的额定电流。同时熔断器的分断能力应大于电路中可能出现的最大短路电流。

4. 按钮的选择原则

选用按钮时应根据使用场合、被控电路所需触点数目、动作结果的要求、动作结果是否显示及按钮帽的颜色等方面的要求综合考虑。

（1）根据使用场合，选择控制按钮的种类，如开启式、防水式、防腐式等。

（2）根据用途，选用合适的型式，如钥匙式、紧急式、带灯式等。

（3）按控制回路的需要，确定不同的按钮数，如单钮、双钮、三钮、多钮等。

（4）按工作状态指示和工作情况的要求，选择按钮及指示灯的颜色。

5. 教师点评

（1）找出各组的优点点评。

（2）展示过程中的不足点评，改进方法。

（3）整个任务中出现的亮点和不足。

学习活动 5 现场施工

学习目标：正确安装电动机单向运转控制线路；正确安装电动机正反转控制线路；会用万用表进行电路检测。

学习地点：设备现场。

学习课时：12 学时。

·引导问题

（1）回答相关问题，完成学习过程。

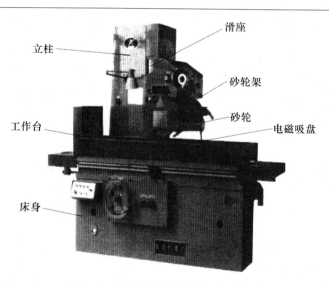

图 4 - 6 M7130 平面磨床外形及结构

(2) 根据 M7130 型平面磨床外形（见图 4-6）、电器位置和电气原理图，画出电气安装接线图。

_____

(3) 按接线图进行电动机单向运转控制线路的安装。

_____

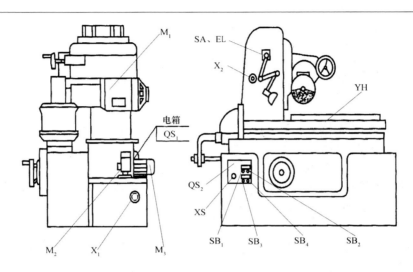

图 4-7 M7130 平面磨床电器位置图

· 提示

1. 安装工艺要求

(1) 接触器安装应垂直于安装面，安装孔用螺钉应加弹簧垫圈和平垫圈。安装倾斜度不能超过 5°，否则会影响接触器的动作特性。接触器散热孔置垂直方向上，四周留有适当空间。安装和接线时，注意不要将螺钉、螺母或线头等杂物落入接触器内部，以防人为造成接触器不能正常工作或烧毁的结果。

(2) 按位置图（如图 4-7 所示）在控制板上安装电器元件，断路器、熔断器的受电端子应安装在控制板的外侧，并确保熔断器的受电端为底座的中心端。

(3) 各元件的安装位置应整齐、匀称，间距合理，便于元件的更换。

(4) 紧固各元件时，用力要均匀，紧固程度适当。在紧固熔断器、接触器等易碎元件时，应该用手按住元件一边轻轻摇动，一边用旋具轮换旋紧对角线上的螺钉，直到手摇不动后，再适当加紧旋紧些即可。

2. 板前明线布线工艺要求

布线时应符合平直、整齐、紧贴敷设面、走线合理及接点不得松动等要求，其原则是：

(1) 布线通道要尽可能少，同路并行导线按主、控电路分类集中，单层密排，紧贴安装面布线。

110

（2）同一平面的导线应高低一致或前后一致，不能交叉；非交叉不可时，该跟导线应在接线端子引出时就水平架空跨越，且必须走线合理。

（3）布线应横平竖直，分布均匀。变换走向时应垂直转向。

（4）布线时严禁损伤线芯和导线绝缘。

（5）布线顺序一般以接触器为中心，由里向外、由低至高，先控制电路后主电路的顺序进行，以不妨碍后续布线为原则。

（6）在每根剥去绝缘层导线的两端套上编码套管。所有从一个接线端子（或接线桩）到另一个接线端子（或接线桩）的导线必须连续，中间无接头。

（7）导线与接线端子或接线桩连接时，不得压绝缘层、不反圈及不露铜过长。同一元件、同一回路的不同接点的导线间距离应保持一致。

（8）一个电器元件接线端子上的连接导线不得多于两根，每节接线端子板上的连接导线一般只允许连接一根。

3. 自检

安装完毕后进行自检。按电路图或接线图（如图 4-8 所示）从电源端开始，逐段核对接线及接线端子处线号是否正确，有无漏接、错接之处。检查导线接点是否符合要求，压接是否牢固。同时注意接点接触应良好，以避免带负载运转时产生闪弧现象。

用万用表检查线路的通断情况。检查时，应选用倍率适当的电阻挡，并进行校零，以防发生短路故障。

对控制电路的检查（断开主电路），可将表棒分别搭在 V21、W21 线端上，读数应为"∞"。按下 SB 时，读数应为接触器线圈的直流电阻值。然后断开控制电路，再检查主电路有无开路或短路现象，此时，可用手动来代替接触器通电进行检查。

用兆欧表检查线路的绝缘电阻的阻值应不得小于 $1M\Omega$。

4. 通电试车

通电试车工艺要求：

（1）为保证人身安全，在通电校验时，要认真执行安全操作规程的有关规定，一人监护，一人操作。校验前，应检查与通电核验有关的电气设备是否有不安全的因素存在，若查出应立即整改，然后方能试车。

（2）通电试车前，必须征得教师的同意，并由指导老师接通三相电源 L_1、L_2、L_3，同时在现场监护。学生合上电源开关 QF 后，检查熔断器出线端是否有电压。按下 SB，观察接触器情况是否正常，是否符合线路功能要求，电器元件的动作是否灵活，有无卡阻及噪声过大等现象，电动机运行情况是否正常等。但不得对线路接线是否正确进行带电检查。观察过程中，若发现有异常现象，应立即停车。

（3）试车成功率以通电后第一次按下按钮时计算。

（4）如出现故障后，学生应独立进行检修。若需带电检查时，老师必须在现场监护。检修完毕后，如需要再次试车，老师也应该在现场监护，并做好时间记录。

（5）通电校验完毕，切断电源。

每组请各组同学通过多媒体、网络收集资料，画出正反转控制线路电路图、安装接线图，列出元器件材料清单，完成线路安装。每组请同学展示，并说明电路的作用。

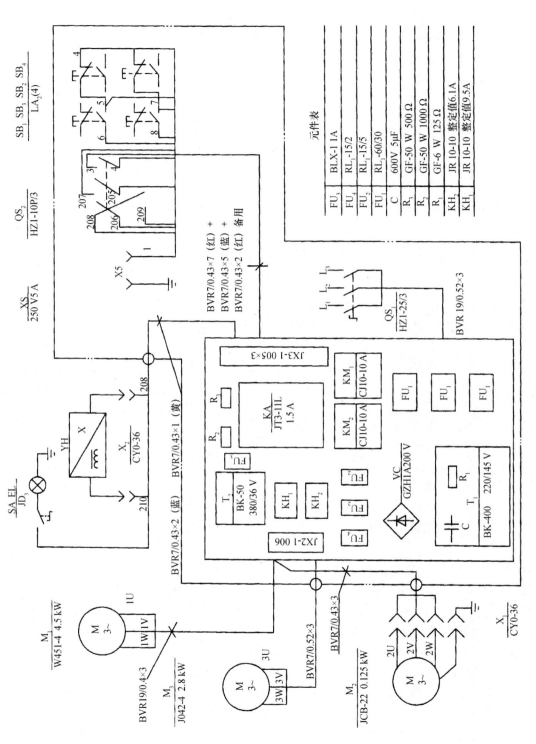

图 4 - 8 M7130 平面磨床接线图

元件表

FU₃	BLX-1 1A
FU₄	RL₁-15/2
FU₂	RL₁-15/5
FU₁	RL₁-60/30
C	600V 5μF
R₃	GF-50 W 500 Ω
R₂	GF-50 W 1000 Ω
R₁	GF-6 W 125 Ω
KH₂	JR 10-10 整定值6.1A
KH₁	JR 10-10 整定值9.5A

112

学习活动 6　施工项目验收

学习目标：能正确填写任务单的验收项目，并交付验收。
学习地点：设备现场。
学习课时：2 课时。

请根据工作任务单的验收项目（见表 4 - 5），描述验收工作的内容。

表 4 - 5　　　　　　　　　　　工作任务单验收项目

验收项目	维修人员工作态度是否端正：是■　　否□		
	本次维修是否已解决问题：是■　　否□		
	是否按时完成：是■　　否□		
	客户评价：非常满意□　基本满意■　不满意□		
	客户意见或建议＿＿＿＿＿＿＿＿＿＿＿＿＿＿＿＿＿＿＿		
	＿＿＿＿＿＿＿＿＿＿＿＿＿＿＿＿＿＿＿＿＿＿＿＿＿＿		
	＿＿＿＿＿＿＿＿＿＿＿＿＿＿＿＿＿＿＿＿＿＿＿＿＿＿		
	用户单位确认签字		确认时间	

以情景模拟的形式，学生扮演角色，安排学生进行项目验收。
按照工作任务单中验收的条件自行设计符合学校活动实际情况的验收项目。

　·提示

设备的电气系统随时间的增长，会出现一些不正常现象，系统各性能指标下降或部分失去，平时维修工作量大，故障率高，相应降低了生产效率，为此到一定时限需进行设备的大修，以恢复其原性能，从而延长设备的使用寿命，充分利用设备的价值。

设备完好的标准：电气系统装置齐全，管线完好，性能灵敏、运行可靠。

学习活动 7　工作总结和评价

学习目标：按小组进行工作总结和评价。
学习地点：教室。
学习课时：2 课时。

一、请根据任务完成情况，用自己的语言描述具体的工作内容

（1）明确工作任务时遇到了什么问题，怎样解决？

_____

（2）元器件的学习和测量学习时遇到什么问题，怎样解决？

_____

（3）制订工作计划，列举工具和材料清单时遇到了什么问题，怎样解决？

_____

（4）现场施工时遇到什么问题，怎样解决？

（5）施工项目验收时遇到什么问题，怎样解决？

二、小组完成工作总结

三、成果展示

以小组形式分别进行汇报、展示，通过演示文稿、现场操作、展板、海报、录像等形式，向全班展示、汇报学习成果

四、评价

表 4-6   评价表

序号	项目	自我评价			小组评价			教师评价		
		10～8	7～6	5～1	10～8	7～6	5～1	10～8	7～6	5～1
1	学习兴趣									
2	任务明确程度									
3	现场勘查效果									
4	学习主动性									
5	承担工作表现									
6	协作精神									
7	时间观念									
8	质量成本意识									
9	安装工艺规范程度									
10	创新能力									
	总评									

学习任务五

万能铣床电气控制线路的安装与调试

【学习目标】

（1）能识读原理图，明确常见低压电器的图形符号、文字符号，控制器件的动作过程、控制原理。

（2）能识读安装图、接线图，明确安装要求，确定元器件、控制柜、电动机等安装位置，确保正确连接线路。

（3）能识别和选用元器件，核查其型号与规格是否符合图纸要求，并进行外观检查。

（4）能按图纸、工艺要求、安全规范和设备要求，安装元器件，按图接线，实现控制线路的正确连接。

（5）能用仪表进行测试检查，验证电路安装的正确性，能按照安全操作规程正确通电试车。

（6）能正确标注有关控制功能的铭牌标签。

（7）按照"6S"管理规定，整理工具，清理施工现场。

【建议课时】

60 课时。

【工作流程与活动】

（1）明确工作任务。

（2）勘查施工现场，识读电气控制电路图。

（3）制订工作计划，列举元器件和材料清单。

（4）现场施工。

（5）施工项目验收。

（6）工作总结与评价。

【工作情境描述】

为了满足实训需要，我校要为实训楼的 10 个实训室均配置万能铣床一台，机加工车间有闲置铣床，但电气控制部分严重老化无法正常工作，需进行重新安装，我班接受此任务，要求在规定期限完成安装、调试，并交有关人员验收。

学习活动 1　明确工作任务

学习目标：

（1）能阅读"万能铣床电气控制线路的维修"工作任务单。

（2）能明确工时、工艺要求。

（3）能明确个人任务要求。

（4）能明确万能铣床的作用及运动形式。

学习地点：教室。

学习课时：6 课时。

一、阅读设备维修联系单，填写表 5－1 中的空白

表 5－1　　　　　　　　　　　　　　设备维修联系单

保修部门		班组		保修时间	月 日 时
设备名称		型号		设备编号	
请修人			联系电话		
故障现象					
故障排除记录					
备注					
维修时间			计划工时		
维修人			日期		年 月 时
验收人			日期		月 日 时

二、万能铣床使用说明

　　万能铣床适合于使用各种棒形铣刀、圆形铣刀、角度铣刀来铣削平面、斜面、沟槽等。如果使用万能铣头、圆工作台、分度头等铣床附件时，可以扩大机床加工范围。该机床具有足够的刚性和功率，拥有强大的加工能力，能进行高速和重负荷的切削工作、齿轮加工，适合模具特殊钢加工、矿山设备、产业设备等重型大型机械加工。万能铣床的工作台可向左、右各回转 45°。当工作台转动一定角度采用分度头附件时可以加工各种螺旋面。万能铣床三向进给丝杠为梯形丝杠或滚珠丝杠。

1. 机床用途

万能铣床（见图5-1）是一种通用的金属切削机床，机床的主轴锥孔可直接或通过附件安装各种圆柱铣刀、圆片铣刀、成型铣刀、端面铣刀等刀具，适于加工各种中、小型零件的平面、斜面、沟槽、孔、齿轮等，是机械制作、模具、仪器、仪表、汽车、摩托车等行业的理想加工设备。

2. 万能铣床的主要结构特点

（1）万能铣床的底座、机身、工作台、中滑座、升降滑座等主要构件均采用高强度材料铸造而成，并经人工时效处理，保证机床长期使用的稳定性。

图5-1 万能铣床

（2）机床主轴轴承为圆锥滚子轴承，万能铣床主轴采用三支承结构，主轴的系统刚度好，承载能力强，且主轴采用能耗制动，制动转矩大，停止迅速、可靠。

（3）工作台水平回转角度±45°，拓展机床的加工范围。万能铣床主传动部分和工作台进给部分均采用齿轮变速结构，调速范围广，变速方便、快捷。

（4）工作台X、Y、Z向有手动进给、机动进给和机动快进三种，万能铣床进给速度能满足不同的加工要求。快速进给可使工件迅速到达加工位置，加工方便、快捷，缩短非加工时间。

（5）万能铣床X、Y、Z三方向导轨经超音频淬火、精密磨削及刮研处理，配合强制润滑，提高精度，延长机床的使用寿命。

（6）润滑装置可对纵、横、垂向的丝杠及导轨进行强制润滑，减小机床的磨损，保证机床的高效运转；同时，万能铣床冷却系统通过调整喷嘴改变冷却液流量的大小，满足不同的加工需求。

（7）万能铣床机床设计符合人体工程学原理，操作方便。万能铣床操作面板均使用形象化符号设计，简单直观。

（8）床身用来固定和支承铣床各部件。顶面上有供横梁移动用的水平导轨。前壁有燕尾形的垂直导轨，供升降台上下移动。内部装有主电动机、主轴变速机构、主轴、电器设备及润滑油泵等部件。

（9）横梁一端装有吊架，用以支承刀杆，以减少刀杆的弯曲与振动。横梁可沿床身的水平导轨移动，其伸出长度由刀杆长度来进行调整。

（10）主轴是用来安装刀杆并带动铣刀旋转的。主轴是一空心轴，前端有7:24的精密锥孔，其作用是安装铣刀刀杆锥柄。

（11）纵向工作台由纵向丝杠带动在转台的导轨上作纵向移动，以带动台面上的工件作纵向进给。台面上的T形槽用以安装夹具或工件。

（12）横向工作台位于升降台上面的水平导轨上，可带动纵向工作台一起作横向进给。

（13）转台可将纵向工作台在水平面内扳转一定的角度（正、反均为0°～450°），以便铣削螺旋槽等。具有转台的卧式铣床称为卧式万能铣床。

117

（14）升降台可以带动整个工作台沿床身的垂直导轨上下移动，以调整工件与铣刀的距离和垂直进给。

（15）底座用以支承床身和升降台，内盛切削液。

3. 万能铣床安全操作规程

操作前要穿紧身防护服，袖口扣紧，上衣下摆不能敞开，严禁戴手套，不得在开动的机床旁穿、脱衣服，或围布于身上，防止机器绞伤。必须戴好安全帽，辫子应放入帽内，不得穿裙子、拖鞋。戴好防护镜，以防铁屑飞溅伤眼，并在机床周围安装挡板使之与操作区隔离。

三、铣床操作

（1）工件装夹前，应拟订装夹方法。装夹毛坯件时，台面要垫好，以免损伤工作台。

（2）工作台移动时要检查紧固螺钉应打开，工作台不移动时紧固螺钉应紧上。

（3）刀具装卸时，应保持铣刀锥体部分和锥孔的清洁，并要装夹牢固。高速切削时必须戴好防护镜。工作台不准堆放工具、零件等物件，注意刀具和工件的距离，防止发生撞击事故。

（4）安装铣刀前应检查刀具是否对号、完好，铣刀尽可能靠近主轴安装，装好后要试车。安装工件应牢固。

（5）工作时应先用手进给，然后逐步自动走刀。运转自动走刀时，拉开手轮，注意限位挡块是否牢固，不准放到头，不要走到两极端而撞坏丝杠。使用快速行程时，要事先检查是否会相撞等现象，以免碰坏机件、铣刀碎裂飞出伤人。经常检查手摇把内的保险弹簧是否有效可靠。

（6）切削时禁止用手摸刀刃和加工部位。测量和检查工件必须停车进行，切削时不准调整工件。

（7）主轴停止前，须先停止进刀。如若切削深度较大时，退刀前应先停车，挂轮时须切断电源，挂轮间隙要适当，挂轮架背母要紧固，以免造成脱落。加工毛坯时转速不宜太快，要选好吃刀量和进给量。

（8）发现机床有故障，应立即停车检查并报告建设与保障部派机修工修理。工作完毕应做好清理工作，并关闭电源。

四、自我评价

各同学根据对设备维修联系单及万能铣床的理解，完成自我评价。

五、资料查找

请各组同学通过多媒体、网络、书籍等渠道查找万能铣床型号、机械加工时的作用，并做好记录。

各组展示收集到的万能铣床型号，说明机械加工时的作用及运动形式。

六、教师点评

（1）找出各组的优点点评。

（2）展示过程中的不足并进行点评，改进方法。

（3）指出整个任务中出现的亮点和不足。

学习活动 2　勘查设备现场，识读基本电气控制电路图

学习目标：电气控制原理图的绘制规则；会分析电气原理图；能画出接线图。
学习地点：设备现场。
建议课时：12 课时。

一、回答相关问题，完成学习过程

（1）什么是电气原理图？在电气原理图中，电源电路、主电路、控制电路、指示电路和照明电路一般怎么布局？

_____

（2）电气原理图中，怎样判别同一电器的不同元件？

_____

二、继电—接触器控制系统的基本控制环节

电气控制技术在生产过程、科学研究及其他各个领域的应用十分广泛，其涉及面很广，各种电气控制设备种类繁多、功能各异，但就其控制原理、基本线路、设计基础而言是类似的。继电—接触器控制系统的基本控制环节主要有自锁与互锁的控制、点动与连续运转的控制、多地联锁控制、顺序控制与自动循环的控制等。

自锁与互锁的控制统称为电气的联锁控制，在电气控制电路中应用十分广泛，是最基本的控制。

1. 自锁控制环节

图 5－2 为接触器控制电动机单向运转电路。图中 Q 为三相转换开关，FU_1、FU_2 为熔断器、KM 为接触器、FR 为热继电器、M 为三相笼型异步电动机，SB_1 为停止按钮、SB_2 为起动按钮。其中，三相转换开关 Q、熔断器 FU_1、接触器 KM 的主触点、热继电器 FR 的热元件和电动机 M 构成主电路，起动按钮 SB_1、停止按钮 SB_2、接触器 KM 的线圈及其常开辅助触点、热继电器 FR 的常闭触点和熔断器 FU_2 构成控制回路。

电路原理分析：

合上电源开关 Q，引入三相电源。按下起动按钮 SB_2，KM 线圈通电，其常开主触点闭合，电动机 M 接通电源起动运行。同时，与起动按钮并联的 KM 常开触点闭合自锁。当松开 SB_2 时，KM 线圈通过其自身常开辅助触点继续保持通电状态，从而保证了电动机连续运转。当需要电动机停止运转时，可按下停止按钮 SB_1，切断 KM 线圈电源，KM 常开主触点与辅助触点均断开，切断电动机电源和控制电路，电动机停止运转。

这种依靠接触器自身辅助触点保持线圈通电的电路，称为自锁电路，辅助常开触点称为自锁触点。

电路的保护环节主要有：短路保护、过载保护、欠电压和零电压保护等。

119

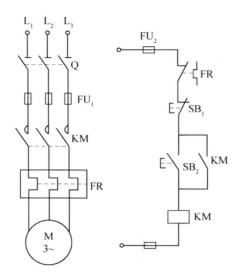

图 5-2　接触器控制电动机单向运转电路

2. 互锁控制环节

图 5-3 为三相异步电动机可逆运行控制电路。图中 SB_1 为停止按钮、SB_2 为正转起动按钮、SB_3 为反转起动按钮，KM_1 为正转接触器、KM_2 为反转接触器。

工作原理：

在实际工作中，生产机械常常需要运动部件可以正反两个方向的运动，这就要求电动机能够实现可逆运行。由电动机原理可知，三相交流电动机可改变定子绕组相序来改变电动机的旋转方向。因此，借助于接触器来实现三相电源相序的改变，即可实现电动机的可逆运行。

电路工作分析：

（1）由图 5-3（a）可知，按下 SB_2，正转接触器 KM_1 线圈通电并自锁，主触点闭合，接通正相序电源，电动机正转。按下停止按钮 SB_1，KM_1 线圈断电，电动机停止。再按下 SB_3，反转接触器 KM_2 线圈通电并自锁，主触点闭合，使电动机定子绕组电源相序与正转时相序相反，电动机反转运行。

此电路最大的缺陷在于：从主电路分析可以看出，若 KM_1、KM_2 可同时通电动作，将造成电源两相短路，即在工作中如果按下了 SB_1，再按下 SB_2 就会出现这一事故现象，因此这种电路不能采用。

（2）图 5-3（b）是在由图 5-2（a）基础上扩展而成的。将 KM_1、KM_2 常闭辅助触点分别串接在对方线圈电路中，形成相互制约的控制，称为互锁。当按下 SB_2 的常开触点使 KM_1 的线圈瞬时通电，其串接在 KM_2 线圈电路中的 KM_1 的常闭辅助触点断开，锁住 KM_2 的线圈回路不能通电，反之亦然。该电路欲使电动机由正向到反向，或由反向到正向必须先按下停止按钮后，才能再反向起动。

这种利用两个接触器（或继电器）的常闭辅助触点互相控制，形成相互制约的控制，称为电气互锁。

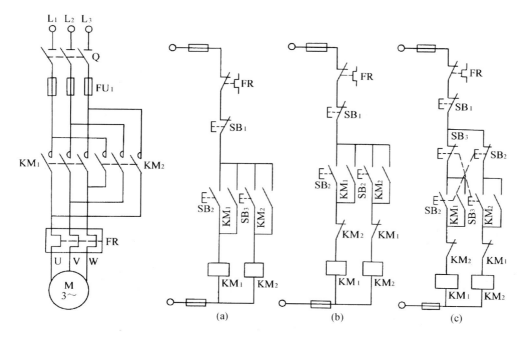

图 5-3　三相异步电动机可逆运行控制电路

(a) 无互锁电路；(b) 具有电气互锁电路；(c) 具有双重互锁电路

（3）对于要求频繁实现可逆运行的情况，可采用图 5-3（c）的控制电路。它是在图 5-3（b）电路基础上，将正向起动按钮 SB₂ 和反向起动按钮 SB₃ 的常闭触点串接在对方常开触点电路中，利用按钮的常开、常闭触点的机械联接，在电路中形成相互制约的控制。这种接法称为机械互锁。

这种具有电气、机械双重互锁的控制电路是常用的、可靠的电动机可逆运行控制电路，它既可以实现正向—停止—反向—停止的控制，又可以实现正向—反向—停止的控制，从而提高工作效率。

电路的保护环节与图 5-2 相同。

在生产实践中，某些生产机械常会要求既能连续运行，又能电动控制，以能实现位置调整。所谓点动，即按住按钮时电动机转动工作，松开按钮后，电动机即停止工作。点动主要用于机床刀架、横梁、立柱等的快速移动、对刀调整等。

图 5-4 为电动机点动与连续运转控制的几种典型电路。其具体电路工作原理分析如下：

图 5-4（a）为最基本的点动控制电路。按下 SB，接触器 KM 线圈通电，常开主触点闭合，电动机起动运转；松开 SB，接触器 KM 线圈断电，其常开主触点断开，电动机停止运转。

图 5-4（b）为采用开关 SA 选择运行状态的点动控制电路。当需要点动控制时，只要把开关 SA 断开，即断开接触器 KM 的自锁触点 KM，由按钮 SB₂ 来进行点动控制；当需要电动机连续运行时，只要把开关 SA 合上，将 KM 的自锁触点接入控制电路，即可实

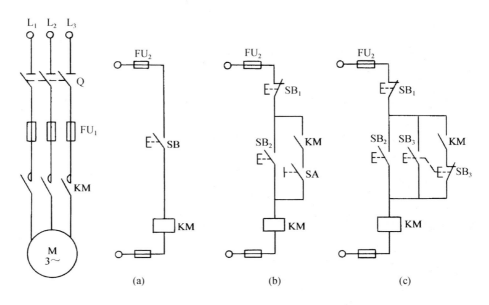

图 5-4　电动机点动与连续运转控制电路

（a）基本点动控制电路；（b）开关选择运行状态的电路；（c）两个按钮控制的电路

现连续控制。

图 5-4（c）为用点动控制按钮常闭触点断开自锁回路的点动控制电路，控制电路中增加了一个复合按钮 SB$_3$ 来实现点动控制。SB$_1$ 为停止按钮，SB$_2$ 为连续运转按钮，SB$_3$ 为点动控制按钮。当需要点动控制时，按下 SB$_3$，其常闭触点先将自锁回路切断，然后常开触点才接通接触器 KM 线圈使其通电，KM 常开主触点闭合，电动机起动运转；当松开 SB$_3$ 时，其常开触点先断开，接触器 KM 线圈断电，KM 常开主触点断开，电动机停转，然后 SB$_3$ 常闭触点才闭合，但此时 KM 常开辅助触点已断开，KM 线圈无法保持通电，即可实现点动控制。

由以上电路工作原理分析看出，点动控制电路的最大特点是取消了自锁回路。

在大型生产设备上，为使操作人员在不同方位均能进行控制操作，常常要求组成多地联锁控制电路，如图 5-5 所示。

从图 5-5 电路中可以看出，多地控制电路只需多用几个起动按钮和停止按钮，无需增加其他电器元件。起动按钮应并联，停止按钮应串联在电路中，分别装在几个不同的地方。

从电路工作原理中分析可以得出以下结论：若几个电器都能控制某接触器通电，则几个电器的常开触点应并联连接到某接触器的线圈控制电路中，即形成逻辑"或"关系；若几个电器都能控制某接触器断电，则几个电器的常闭触点应串联连接到某接触器的线圈控制电路中，形成逻辑"与""非"的关系。

在机床的控制电路中，常常要求电动机的起动和停止按照一定顺序进行。例如，磨床的工作要求先起动冷却油泵，然后再起动主轴电动机；铣床的主轴旋转后，工作台方可移动等。顺序工作控制电路有顺序起动、同时停止控制电路，或有顺序起动、顺序停止控制电路，还有顺序起动、逆序停止控制电路。

图5-6、图5-7分别为两台电动机顺序控制电路图，其电路工作原理分析如下。

图5-6（a）为两台电动机顺序起动、同时停止控制电路。在此电路的控制电路中，只有 KM₁ 线圈通电后，其串入 KM₂ 线圈控制电路中的常开触点 KM₁ 闭合，才能使 KM₂ 线圈存在通电的可能，以此制约了 M₂ 电动机的起动顺序。当按下 SB₁ 按钮时，接触器 KM₁ 线圈断电，其串接在 KM₂ 线圈控制电路中的常开辅助触点断开，保证了 KM₁ 和 KM₂ 线圈同时断电，其常开主触点断开，两台电动机 M₁、M₂ 同时停止。

图5-6（b）为两台电动机顺序起动，逆序停止控制电路，

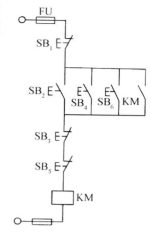

图 5-5　多地联锁控制电路

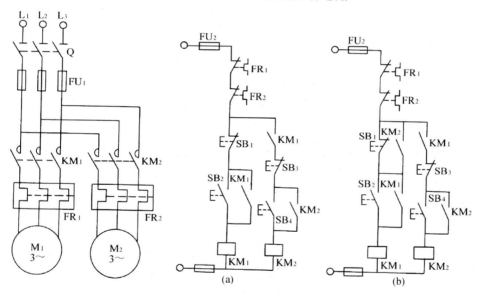

图 5-6　两台电动机顺序控制电路
（a）按顺序起动电路；（b）按顺序起动、停止的控制电路

其顺序起动工作不再分析。此控制电路停车时，必须先按下 SB₃ 按钮，切断 KM₂ 线圈的供电，电动机 M₂ 停止运转；其并联在按钮 SB₁ 的常开辅助触点 KM₂ 断开，此时再按下 SB₁，才能使 KM₁ 线圈断电，电动机 M₁ 停止运转。

图5-7为利用时间继电器控制的顺序起动电路，其电路的关键在于利用时间继电器自动控制 KM₂ 线圈的通电。当按下 SB₂ 按钮时，KM₁ 线圈通电，电动机 M₁ 起动，同时时间继电器线圈 KT 通电，延时开始。经过设定时间后，串接入接触器 KM₂ 控制电路中的时间继电器 KT 的动合触点闭合，KM₂ 线圈通电，电动机 M₂ 起动。

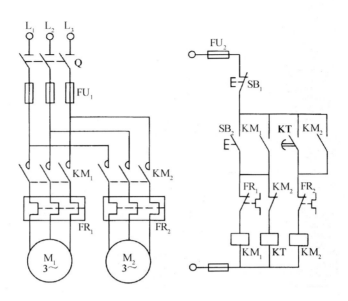

图 5 - 7 时间继电器控制的顺序起动电路

通过以上电路工作原理分析可知，要实现顺序控制，应将先通电的电器的常开触点串接在后通电的电器的线圈控制电路中，将先断电电器的常开触点并联到后断电的电器的线圈控制电路中的停止按钮（或其他断电触点）上。其具体方法有接触器和继电器触点的电气联锁、复合按钮联锁、行程开关联锁等。

机械设备中如机床的工作台、高炉加料设备等均需要自动往复运行，而自动往复的可逆运行通常是利用行程开关来检测往复运动的相对位置，进而控制电动机的正反转来实现生产机械的往复运动。

图 5 - 8 为自动往复循环运动示意图及控制电路。

图 5 - 8（a）中，行程开关 SQ_1、SQ_2 分别固定安装在机床床身上，定义加工原点与终点；撞块 A、B 固定在工作台上，随着运动部件的移动分别压下行程开关 SQ_1、SQ_2，使其触点动作，改变控制电路的通断状态，使电动机实现可逆运行，完成运动部件的自动往复运动。

图 5 - 8（b）为自动往复循环的控制电路，SQ_1 为反向转正向行程开关，SQ_2 为正向转反向行程开关，SQ_3、SQ_4 为正反向极限保护用行程开关。工作原理是：合上电源开关 Q，按下正向起动按钮 SB_2，接触器 KM_1 通电并自锁，电动机正向起动运转并拖动运动部件前进，当运动部件前进到位，撞块 B 压下 SQ_2，其常闭触点断开，KM_1 线圈断电，电动机停转；同时，SQ_2 常开触点闭合，使 KM_2 线圈通电并自锁，电动机反向起动运转并拖动运动部件后退；当后退到位时，撞块 A 压下 SQ_1，使 KM_2 线圈断电，同时使 KM_1 线圈通电，电动机由反转变正转，拖动运动部件由后退变前进，如此周而复始地自动往复循环。当按下 SB_1 时，KM_1、KM_2 线圈都断电，电动机停止运转，运动部件停止。

SQ_3、SQ_4 用于当行程开关 SQ_1、SQ_2 失灵时，则由极限保护行程开关 SQ_3、SQ_4 实

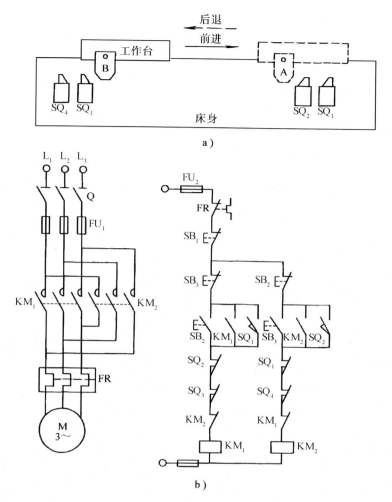

图 5-8 自动往复循环控制电路

现保护，切断接触器线圈控制电路，避免运动部件因超出极限位置而发生事故。

利用行程开关按照机械设备的运动部件的行程位置进行的控制，称为行程控制原则，是机械设备自动化和生产过程自动化中应用最广泛的控制方法之一。

三、三相异步电动机的起动控制

三相笼型异步电动机具有结构简单、坚固耐用、价格便宜、维修方便等优点，获得了广泛的应用。三相笼型异步电动机的起动控制有直接起动与降压起动两种方式。电工学课程中已讲授了如何决定起动方式的知识，我们在这里只讨论电气控制电路如何满足各种起动要求。

笼型异步电动机的直接起动是一种简单、可靠、经济的起动方法，但过大的起动电流会造成电网电压显著下降，直接影响在同一电网工作的其他电动机，故直接起动电动机的容量受到一定限制，一般容量小于 10kW 的电动机常用直接起动方式。

三相笼型异步电动机直接起动控制电路见图 5-2、图 5-3、图 5-4，其电路工作原理分析在前一节已作详细说明，在此不再重复，此类控制电路重点在于自锁控制（已在前一节详述）和各种保护环节的作用。

三相笼型电动机容量较大时，一般应采用降压起动，有时为了减小和限制起动时对机械设备的冲击，即使允许直接起动的电动机，也往往采用降压起动。

三相笼型电动机降压起动的实质，就是在电源电压不变的情况下，起动时减小加在电动机定子绕组上的电压，以限制起动电流，而在起动后再将电压恢复至额定值，电动机进入正常运行。减压起动可以减少起动电流，减小线路电压降，也就减小了起动时对线路的影响，但电动机的电磁转矩是与定子端电压平方成正比，所以减压起动使得电动机的起动转矩相应减小，故减压起动适用于空载或轻载下起动。

三相笼型电动机降压起动的方法有：定子绕组电路串电阻电抗器；Y—△联结降压起动和使用自耦变压器减压起动等。

1．Y—△联结降压起动控制

正常运行时定子绕组联结成三角形的笼型三相异步电动机可采用 Y—△降压起动的方法达到限制起动电流的目的。

起动时，定子绕组联结成星形，待转速上升到接近额定转速时，再将定子绕组联结成三角形，电动机进入全电压正常运行状态。由电工基础知识可知：

$$I_Y = \frac{1}{3} I_\triangle$$

因此，Y 联结时起动电流仅为△联结时的 1/3，相应的起动转矩也是△联结时的 1/3。

图 5-9 为 Y—△起动电路，适用于 12kW 及以下的三相笼型异步电动机作 Y—△减压起动和停止控制。该电路由接触器 KM$_1$、KM$_2$、KM$_3$，热继电器 FR，时间继电器 KT，按钮 SB$_1$、SB$_2$ 等元件组成，并具有短路保护、过负荷保护和欠电压保护等功能。

电路工作原理分析：

合上电源开关 Q，按下起动按钮 SB$_2$，KM$_1$、KT、KM$_3$ 线圈同时通电并自锁，电动机三相定子绕组联结成星形接入三相交流电源进行减压起动；当电动机转速接近额定转速时，通电延时型时间继电器动作，KT 常闭触点断开，KM$_3$ 线圈断电释放；同时 KT 常开触点闭合，KM$_2$ 线圈通电吸合并自锁，电动机绕组联结成三角形全压运行。当 KM$_2$ 通电吸合后，KM$_2$ 常闭触点断开，使 KT 线圈断电，避免时间继电器长期工作。KM$_2$、KM$_3$ 触点为互锁触点，以防止同时接成星形和三角形造成电源短路。

表 5-2 为 QX4 系列自动 Y—△起动器技术数据。

2．自耦变压器减压起动控制

电动机自耦变压器减压起动是将自耦变压器一次侧接在电网上，起动时定子绕组接在自耦变压器二次侧上。起动时定子绕组得到的电压是经自耦变压器的二次侧降压后的电压，待电动机转速接近额定转速时，切断自耦变压器电路，把额定电压直接加在电动机的定子绕组上，电动机进入全压正常运行。

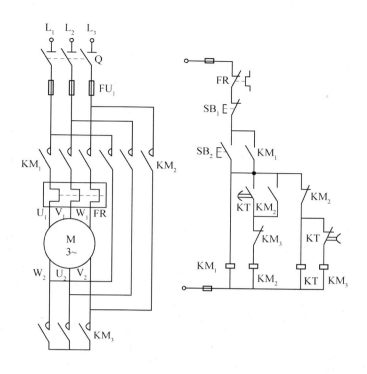

图 5 - 9 Y—△起动电路

表 5 - 2   QX4 系列自动 Y—△起动器技术数据

型 号	控制电动机功率 (kW)	额定电流 (A)	热继电器额定电流 (A)	时间继电器整定值 (s)
QX4—17	13 17	26 33	15 19	11 13
QX4—30	22 38	42.5 58	25 34	15 17
QX4—55	40 55	77 105	45 61	20 24
QX4—75	75	142	85	30
QX4—125	125	260	100～160	14～60

图 5 - 10 为 XJ01 系列自耦减压起动电路图。图中 KM_1 为减压起动接触器，KM_2 为全压运行接触器，KA 为中间继电器，KT 为减压起动时间继电器，HL_1 为电源指示灯，HL_2 为减压起动指示灯，HL_3 为正常运行指示灯。

表 5 - 3 列出了部分 XJ01 系列自耦变压器减压起动器技术参数。

表 5-3　　　　　　　　　　　　XJ01 系列自耦变压器减压起动器技术数据

型　号	被控制电动机功率（kW）	最大工作电流（A）	自耦变压器功率（kW）	电流互感器变比	热继电器整定电流（A）
XJ01—14	14	28	14	——	32
XJ01—20	20	40	20	——	40
XJ01—28	28	58	28	——	63
XJ01—40	40	77	40	——	85
XJ01—55	55	110	55	——	120
XJ01—75	75	142	75	——	142
XJ01—80	80	152	115	300/5	2.8
XJ01—95	95	180	115	300/5	3.2
XJ01—100	100	190	115	300/5	3.5

电路工作原理分析：

合上主电路与控制电路电源开关 Q，HL_1 灯亮，表示电源电压正常。按下起动按钮 SB_2，KM_1、KT 线圈同时通电并自锁，将自耦变压器接入主电路，电动机由自耦变压器供电作减压起动，同时指示灯 HL_1 灭，HL_2 亮，显示电动机正进行减压起动。当电动机转速接近额定转速时，时间继电器 KT 通电延时闭合触点闭合，使 KA 线圈通电并自锁，其常闭触点断开 KM_1 线圈供电控制电路，KM_1 线圈断电释放，将自耦变压器从主电路切除；KA 的另一对常闭触点断开，HL_2 指示灯灭；KA 的常开触点闭合，接触器 KM_2 线圈通电吸合，电源电压全部加在电动机定子上，电动机在额定电压下正常运转，同时，KM_2 常开触点闭合，HL_3 指示灯亮，表示电动机减压起动结束。由于自耦变压器星形联接部分的电流为自耦变压器一、二次电流之差，所以用 KM_2 辅助触点来连接。

自耦变压器绕组一般具有多个抽头以获得不同的电压，自耦变压器减压起动比 Y—△ 减压起动获得的起动转矩要大得多，所以自耦变压器又称为起动补偿器，是三相笼型异步电动机最常用的一种减压起动装置。

四、三相异步电动机的制动控制

在生产过程中，许多机床（如万能铣床、组合机床等）都要求能迅速停车和准确定位，这就要求必须对拖动电动机采取有效的制动措施。制动控制的方法有两大类：机械制动和电气制动。

机械制动是采用机械装置产生机械力来强迫电动机迅速停车；电气制动是使电动机产生的电磁转矩方向与电动机旋转方向相反，起制动作用。电气制动有反接制动、能耗制动、再生制动以及派生的电容制动等。这些制动方法各有特点，适用于不同的环境。本部分介绍两种类型的制动控制电路。

电工学课程中可以了解到，反接制动实质上是改变异步电动机定子绕组中的三相电源相序，使定子绕组产生与转子方向相反的旋转磁场，因而产生制动转矩的一种制动方法。

电动机反接制动时，转子与旋转磁场的相对速度接近于两倍的同步转速，所以定子绕

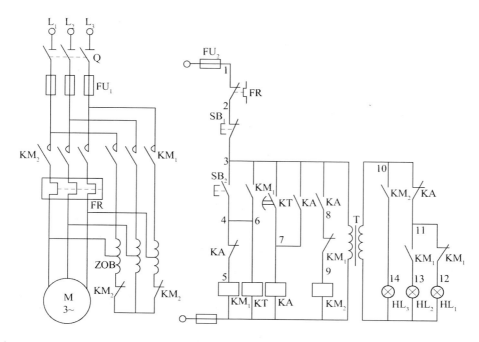

图 5-10 XJ01 系列自耦变压器减压起动电路

组流过的反接制动电流相当于全压起动电流的两倍，因此反接制动的制动转矩大，制动迅速但冲击大，通常适用于 10kW 及以下的小容量电动机。为防止绕组过热、减小冲击电流，通常在笼型异步电动机定子电路中串入反接制动电阻。另外，采用反接制动，当电动机转速降至零时，要及时将反接电源切断，防止电动机反向再起动，通常控制电路是用速度继电器来检测电动机转速并控制电动机反接电源的断开。

1. 电动机单向反接制动控制

图 5-11 为电动机单向反接制动控制电路。图中 KM_1 为电动机单向运行接触器，KM_2 为反接制动接触器，KS 为速度继电器，R 为反接制动电阻。

电路工作原理分析：

单向起动及运行：合上电源开关 Q，按下 SB_2，KM_1 通电并自锁，电动机全压起动并正常运行，与电动机有机械联接的速度继电器 KS 转速超过其动作值时，其相应的触点闭合，为反接制动作准备。

反接制动：停车时，按下 SB_1，其常闭触点断开，KM_1 线圈断电释放，KM_1 常开主触点和常开辅助触点同时断开，切断电动机原相序三相电源，电动机惯性运转。当 SB_1 按到底时，其常开触点闭合，使 KM_2 线圈通电并自锁，KM_2 常闭辅助触点断开，切断 KM_1 线圈控制电路。同时其常开主触点闭合，电动机串三相对称电阻接入反相序三相电源进行反接制动，电动机转速迅速下降。当转速下降到速度继电器 KS 释放转速时，KS 释放，其常开触点复位断开，切断 KM_2 线圈控制电路，KM_2 线圈断电释放，其常开主触点断开，切断电动机反相序三相交流电源，反接制动结束，电动机停车。

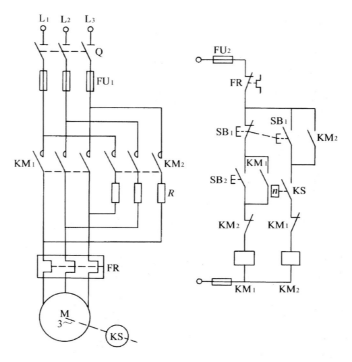

图 5 - 11   电动机单向反接制动控制电路

2. 电动机可逆运行反接制动控制

图 5 - 12 为电动机可逆运行反接制动控制电路。图中 KM_1、KM_2 为电动机正、反向控制接触器，KM_3 为短接电阻接触器，KA_1、KA_2、KA_3、KA_4 为中间继电器，KS 为速度继电器，其中 KS - 1 为正向闭合触点、KS - 2 为反向闭合触点，R 为限流电阻，具有限制起动电流和制动电流的双重作用。

电路工作原理分析：

正向减压起动：合上电源开关 Q，按下 SB_2，正向中间继电器 KA_3 线圈通电并自锁，其常闭触点断开互锁了反向中间继电器 KA_4 的线圈控制电路；KA_3 常开触点闭合，使 KM_1 线圈控制电路通电，KM_1 主触点闭合使电动机定子绕组串电阻 R 接通正相序三相交流电源，电动机减压起动。同时 KM_1 常闭触点断开互锁了反向接触器 KM_2，其常开触点闭合为 KA_1 线圈通电作准备。

全压运行：当电动机转速上升至一定值时，速度继电器 KS 正转常开触点 KS - 1 闭合，KA_1 线圈通电并自锁。此时 KA_1、KA_3 的常开触点均闭合，接触器 KM_3 线圈通电，其常开主触点闭合短接限流电阻 R，电动机全压运行。

反接制动：需停车时，按下 SB_1，KA_3、KM_1、KM_3 线圈相继断电释放，KM_1 主触点断开，电动机惯性高速旋转，使 KS - 1 维持闭合状态，同时 KM_3 主触点断开，定子绕组串电阻 R。由于 KS - 1 维持闭合状态，使得中间继电器 SA_1 仍处于吸合状态，KM_1 常闭触点复位后，反向接触器 KM_2 线圈通电，其常开主触点闭合，使电动机定子绕组串电阻 R 获得反相序三相交流电源，对电动机进行反接制动，电动机转速迅速下降。同时，

130

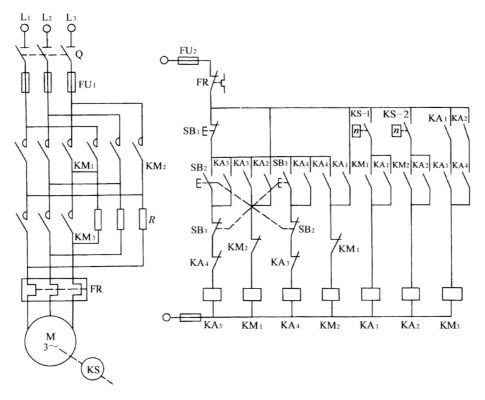

图 5-12　电动机可逆运行反接制动控制电路

KM$_2$ 常闭触点断开互锁正向接触器 KM$_1$ 线圈控制电路。当电动机转速低于速度继电器释放值时，速度继电器常开触点 KS-1 复位断开，KA$_1$ 线圈断电释放，其常开触点断开，切断接触器 KM$_2$ 线圈控制电路，KM$_2$ 线圈断电释放，其常开主触点断开，反接制动过程结束。

电动机反向起动和反接制动停车控制电路工作情况与上述相似，在此不再复述。所不同的是速度继电器起作用的是反向触点 KS-2，中间继电器 KA$_2$ 替代了 KA$_1$。

能耗制动就是在电动机脱离三相交流电源之后，向定子绕组内通入直流电流，建立静止磁场，利用转子感应电流与静止磁场的作用产生制动的电磁转矩，达到制动目的。

在制动过程中，电流、转速和时间三个参量都在变化，原则上可以任取其中一个参量作为控制信号。我们分别以时间原则和速度原则控制能耗制动电路为例进行分析。

1. 电动机单向运行能耗制动控制

图 5-13 为电动机单向运行时间原则控制能耗制动电路图。图中 KM$_1$ 为单向运行接触器，KM$_2$ 为能耗制动接触器，KT 为时间继电器，T 为整流变压器，UR 为桥式整流电路。

电路工作分析：

按下 SB$_2$，KM$_1$ 通电并自锁，电动机单向正常运行。此时若要停机。按下停止按钮

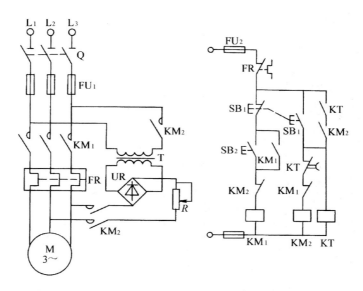

图 5-13　电动机单向运行时间原则能耗制动控制电路

SB₁，KM₁ 断电，电动机定子脱离三相交流电源；同时 KM₂ 通电并自锁，将二相定子接入直流电源进行能耗制动，在 KM₂ 通电同时 KT 也通电。电动机在能耗制动作用下转速迅速下降，当接近零时，KT 延时时间到，其延时触点动作，使 KM₂、KT 相继断电，制动过程结束。

图中 KT 的瞬动常开触点与 KM₂ 自锁触点串接，其作用是：当发生 KT 线圈断线或机械卡住故障，致使 KT 常闭通电延时断开触点断不开，常开瞬动触点也合不上时，只有按下停止按钮 SB₁，成为点动能耗制动。若无 KT 的常开瞬动触点串接 KM₂ 常开触点，在发生上述故障时，按下停止按钮 SB₁ 后，将使 KM₂ 线圈长期通电吸合，使电动机两相定子绕组长期接入直接电源。

2. 电动机可逆运行能耗制动控制

图 5-14 为速度原则控制电动机可逆运行能耗制动电路。图中 KM₁、KM₂ 为电动机正、反向接触器，KM₃ 为能耗制动接触器，KS 为速度继电器。

电路工作原理分析：

正、反向起动：合上电源开关 Q，按下正转或反转起动按钮 SB₂ 或 SB₃，相应接触器 KM₁ 或 KM₂ 通电并自锁，电动机正常运转。速度继电器相应触点 KS-1 或 KS-2 闭合，为停车接通 KM₃，实现能耗制动作准备。

能耗制动：停车时，按下停止按钮 SB₁，定子绕组脱离三相交流电源，同时 KM₃ 通电，电动机定子接入直流电源进行能耗制动，转速迅速下降，当转速降至 100r/min 时，速度继电器释放，其 KS-1 或 KS-2 触点复位断开，此时 KM₃ 断电。能耗制动结束，以后电动机停车。

对于负载转矩较为稳定的电动机，能耗制动时采用时间原则控制为宜，因为此时对时间继电器的延时整定较为固定。而对于那些能够通过传动机构来反映电动机转速时，采用速度原则控制较为合适，应视具体情况而定。

132

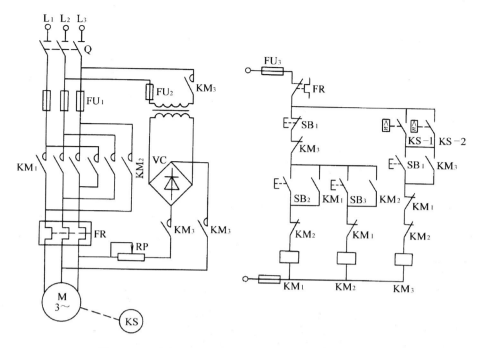

图 5 - 14 速度原则控制电动机可逆运行能耗制动电路

学习活动 3 识读 X62W 万能铣床的电路图

学习目标：掌握 X62W 万能铣床的电路图的绘制规则；会分析电气原理图；能画出接线图。

学习地点：设备现场。

学习课时：6 学时。

一、铣床的主要结构和运动形式

由于铣床的加工范围较广，运动形式较多，其结构也较为复杂。X62W 型万能铣床的主要结构如图 5 - 15 所示。床身固定于底座上，用于安装和支承铣床的各部件，在床身内还装有主轴部件、主传动装置及其变速操纵机构等。床身顶部的导轨上装有悬梁，悬梁上装有刀杆支架。铣刀则装在刀杆上，刀杆的一端装在主轴上，另一端装在刀杆支架上。刀杆支架可以在悬梁上水平移动，悬梁又可以在床身顶部的水平导轨上水平移动，因此可以适应各种不同长度的刀杆。床身的前部有垂直导轨，升降台可以沿导轨上下移动，升降台内装有进给运动和快速移动的传动装置及其操纵机构等。在升降台的水平导轨上装有滑座，可以沿导轨作平行于主轴轴线方向的横向移动；工作台又经过回转盘装在滑座的水平导轨上，可以沿导轨作垂直于主轴轴线方向的纵向移动。这样，紧固在工作台上的工件，通过工作台、回转盘、滑座和升降台，可以在相互垂直的三个方向上实现进给或调整运动。在工作台与滑座之间的回转盘还可以使工作台左右转动 45°角，因此工作台在水平面

133

上除了可以作横向和纵向进给外，还可以实现在不同角度的各个方向上的进给，用以铣削螺旋槽。

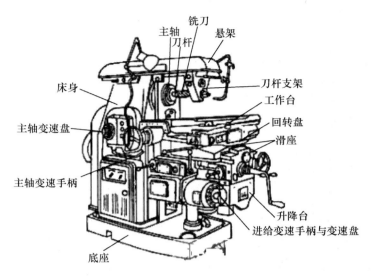

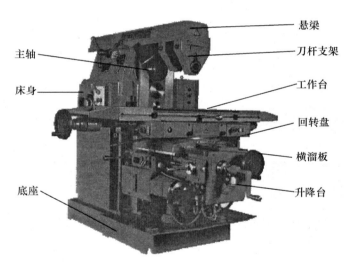

图 5-15　X62W 万能铣床结构示意图

由此可见，铣床的主运动是主轴带动刀杆和铣刀的旋转运动；进给运动包括工作台带动工件在水平的纵、横方向及垂直方向三个方向的运动；辅助运动则是工作台在三个方向的快速移动。

二、铣床的电力拖动形式和控制要求

铣床的主运动和进给运动各由一台电动机拖动，这样铣床的电力拖动系统一般由三台电动机所组成：主轴电动机、进给电动机和冷却泵电动机。主轴电动机通过主轴变速箱驱动主轴旋转，并由齿轮变速箱变速，以适应铣削工艺对转速的要求，电动机则不需要调速。由于铣削分为顺铣和逆铣两种加工方式，分别使用顺铣刀和逆铣刀，所以要求主轴电动机能够正反转，但只要求预先选定主轴电动机的转向，在加工过程中则不需要主轴反转。又由于铣削是多刀不连续的切削，负载不稳定，所以主轴上装有飞轮，以提高主轴旋转的均匀性，消除铣削加工时产生的振动，这样主轴传动系统的惯性较大，因此还要求主轴电动机在停机时有电气制动。进给电动机作为工作台进给运动及快速移动的动力，也要求能够正反转，以实现三个方向的正反向进给运动；通过进给变速箱，可获得不同的进给速度。为了使主轴和进给传动系统在变速时齿轮能够顺利地啮合，要求主轴电动机和进给电动机在变速时能够稍微转动一下（称为变速冲动）。三台电动机之间还要求有联锁控制，即在主轴电动机起动之后另两台电动机才能起动运行。由此，铣床对电力拖动及其控制有以下要求：

（1）铣床的主运动由一台笼型异步电动机拖动，直接起动，能够正反转控制，并设有电气制动环节，能进行变速冲动。

（2）工作台的进给运动和快速移动均由同一台笼型异步电动机拖动，直接起动，能够正反转控制，也要求有变速冲动环节。

（3）冷却泵电动机只要求单向旋转。

（4）三台电动机之间有联锁控制，即主轴电动机起动之后，才能对其余两台电动机进行控制。

三、分析万能铣床电气原理图，回答问题

1. 电气原理图

该铣床共用 3 台异步电动机拖动，它们分别是主轴电动机 M_1、进给电动机 M_2 和冷却泵电动机 M_3。X62W 万能铣床的电路如图 5—16 所示，该线路分为主电路、控制电路和照明电路三部分。电气控制线路的工作原理如下。

2. 主电路分析

主轴电动机 M_1 拖动主轴带动铣刀进行铣削加工，通过组合开关 SA_3 来实现正反转；进给电动机 M_2 通过操纵手柄和机械离合器的配合，拖动工作台前后、左右、上下 6 个方向的进给运动和快速移动，其正反转由接触器 KM_3、KM_4 来实现；冷却泵电动机 M_3 供应切削液，且当 M_1 起动后，用手动开关 QS_2 控制；3 台电动机共用熔断器 FU_1 作短路保护，3 台电动机分别用热继电器 FR_1、FR_2、FR_3 作过载保护。

3. 控制电路分析

控制电路的电源由控制变压器 TC 输出 110V 电压供电。

（1）主轴电动机 M_1 的控制。

主轴电动机 M_1 采用两地控制方式，SB_1 和 SB_2 是两组起动按钮，SB_5 和 SB_6 是两组停止按钮。KM_1 是主轴电动机 M_1 的起动接触器，YC_1 是主轴制动用的电磁离合器，SQ_1 是主轴变速时瞬时点动的位置开关。

1）主轴电动机 M_1 起动前，应首先选择好主轴的转速，然后合上电源开关 QS_1，再把主轴换向开关 SA_3 扳到所需要的转向。按下起动按钮 SB_1（或 SB_2），接触器 KM_1 线圈得电，KM_1 主触头和自锁触头闭合，主轴电动机 M_1 起动运转，KM_1 常开辅助触头（9—10）闭合，为工作台进给电路提供了电源。按下停止按钮 SB_5（或 SB_6），SB_{5-1}（或 SB_{6-1}）

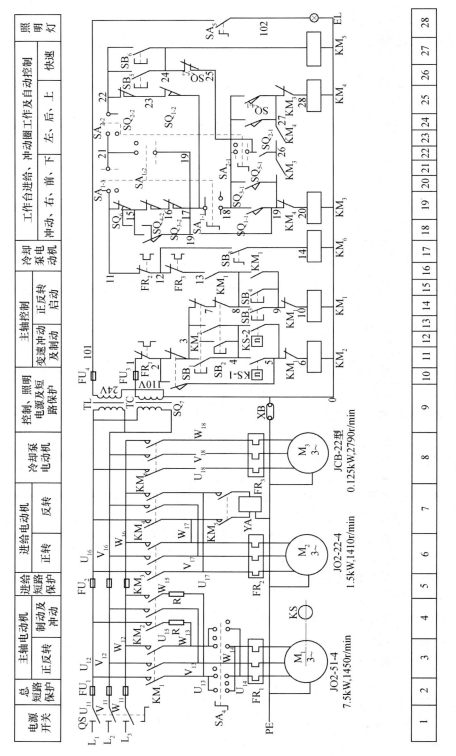

图 5-16 X62W 型万能铣床控制电路

136

常闭触头分断，接触器 KM_1 线圈失电，KM_1 触头复位，电动机 M_1 断电惯性运转，SB_{5-2}（或 SB_{6-2}）常开触头闭合，接通电磁离合器 YC_1，主轴电动机 M_1 制动停转。

2）主轴换铣刀时将转换开关 SA_1 扳向换刀位置，这时常开触头 SA_{1-1} 闭合，电磁离合器 YC_1 线圈得电，主轴处于制动状态以便换刀；同时常闭触头 SA_{1-2} 断开，切断了控制电路，保证了人身安全。

3）主轴变速时，利用变速手柄与冲动位置开关 SQ_1，通过 M_1 点动，使齿轮系统产生一次抖动，以便于齿轮顺利啮合，且变速前应先停车。

（2）进给电动机 M_2 的控制。工作台的进给运动在主轴起动后方可进行。工作台的进给可在 3 个坐标的 6 个方向运动，进给运动是通过两个操作手柄和机械联动机构控制相应的位置开关使进给电动机 M_2 正转或反转来实现的，并且 6 个方向的运动是联锁的，不能同时接通。

1）当需要圆形工作台旋转时，将开关 SA_2 扳到接通位置，这时触头 SA_{2-1} 和 SA_{2-3} 断开，触头 SA_{2-2} 闭合，电流经 10—13—14—15—20—19—17—18 路径，使接触器 KM_3 得电，电动机 M_2 起动，通过一根专用轴带动圆形工作台作旋转运动。转换开关 SA_2 扳到断开位置，这时触头 SA_{2-1} 和 SA_{2-3} 闭合，触头 SA_{2-2} 断开，以保证工作台在 6 个方向的进给运动，因为圆形工作台的旋转运动和 6 个方向的进给运动也是联锁的。

2）工作台的左右进给运动由左右进给操作手柄控制。操作手柄与位置开关 SQ_5 和 SQ_6 联动，有左、中、右三个位置，其控制关系见表 5-4。当手柄扳向中间位置时，位置开关 SQ_5 和 SQ_6 均未被压合，进给控制电路处于断开状态；当手柄扳向左或右位置时，手柄压下位置开关 SQ_5 或 SQ_6，使常闭触头 SQ_{5-2} 或 SQ_{6-2} 分断，常开触头 SQ_{5-1} 或 SQ_{6-1} 闭合，接触器 KM_3 或 KM_4 得电动作，电动机 M_2 正转或反转。由于在 SQ_5 或 SQ_6 被压合的同时，通过机械机构已将电动机 M_2 的传动链与工作台下面的左右进给丝杠相搭合，所以电动机 M_2 的正转或反转就拖动工作台向左或向右运动。

表 5-4   工作台左右进给手柄位置及其控制关系

手柄位置	位置开关动作	接触器动作	电动机 M_2 转向	传动链搭合丝杠	工作台运动方向
左	SQ_5	KM_3	正转	左右进给丝杠	向左
中	—	—	停止	—	停止
右	SQ_6	KM_4	反转	左右进给丝杠	向右

工作台的上下和前后进给运动是由一个手柄控制的。该手柄与位置开关 SQ_3 和 SQ_4 联动，有上、下、前、后、中 5 个位置，其控制关系见表 5-5。当手柄扳至中间位置时，位置开关 SQ_3 和 SQ_4 均未被压合，工作台无任何进给运动；当手柄扳至下或前位置时，手柄压下位置开关 SQ_3 使常闭触头 SQ_{3-2} 分断，常开触头 SQ_{3-1} 闭合，接触器 KM_3 得电动作，电动机 M_2 正转，带动着工作台向下或向前运动；当手柄扳向上或后时，手柄压下位置开关 SQ_4，使常闭触头 SQ_{4-2} 分断，常开触头 SQ_{4-1} 闭合，接触器 KM_4 得电动作，电动机 M_2 反转，带动着工作台向上或向后运动。

表 5 - 5 工作台上、下、中、前、后进给手柄位置及其控制关系

手柄位置	位置开关动作	接触器动作	电动机 M_2 转向	传动链搭合丝杠	工作台运动方向
上	SQ_4	KM_4	反转	上下进给丝杠	向上
下	SQ_3	KM_3	正转	上下进给丝杠	向下
中	—	—	停止	—	停止
前	SQ_3	KM_3	正转	前后进给丝杠	向前
后	SQ_4	KM_4	反转	前后进给丝杠	向后

当两个操作手柄被置定于某一进给方向后，只能压下四个位置开关 SQ_3、SQ_4、SQ_5、SQ_6 中的一个开关，接通电动机 M_2 正转或反转电路，同时通过机械机构将电动机的传动链与三根丝杠（左右丝杠、上下丝杠、前后丝杠）中的一根（只能是一根）丝杠相搭合，拖动工作台沿选定的进给方向运动，而不会沿其他方向运动。

左右进给手柄与上下前后手柄实行了联锁控制，如当把左右进给手柄扳向左时，若又将另一个进给手柄扳到向下进给方向，则位置开关 SQ_5 和 SQ_3 均被压下，触头 SQ_{5-2} 和 SQ_{3-2} 均分断，断开了接触器 KM_3 和 KM_4 的通路，电动机 M_2 只能停转，保证了操作安全。

3）6 个进给方向的快速移动是通过两个进给操作手柄和快速移动按钮配合实现的。安装好工件后，扳动进给操作手柄选定进给方向，按下快速移动按钮 SB_3 或 SB_4（两地控制），接触器 KM_2 得电，KM_2 常闭触头分断，电磁离合器 YC_2 失电，将齿轮传动链与进给丝杠分离；KM_2 两对常开触头闭合，一对使电磁离合器 YC_3 得电，将电动机 M_2 与进给丝杠直接搭合；另一对使接触器 KM_3 或 KM_4 得电动作，电动机 M_2 得电正转或反转，带动工作台沿选定的方向快速移动。由于工作台的快速移动采用的是点动控制，故松开 SB_3 或 SB_4，快速移动停止。

4）进给变速时与主轴变速时相同，利用变速盘与冲动位置开关 SQ_2 使 M_1 产生瞬时点动，齿轮系统顺利啮合。

学习活动 4　X62W 型万能铣床常见电气故障的诊断与检修

学习目标：掌握 X62W 万能铣床常见电气故障的诊断与检修。

学习地点：设备现场。

学习课时：6 课时。

X62W 型万能铣床电气控制线路较常见的故障（见表 5 - 6）主要是主轴电动机控制电路和工作台进给控制电路的故障。

一、主轴电动机控制电路故障

1. M_1 不能起动

与前面已分析过的机床的同类故障一样，可从电源、QS_1、FU_1、KM_1 的主触点、

FR_1 到换相开关 SA_3，从主电路到控制电路进行检查。因为 M_1 的容量较大，应注意检查 KM_1 的主触点、SA_3 的触点有无被熔化，有无接触不良。

此外，如果主轴换刀制动开关 SA_1 仍处在"换刀"位置，SA_{1-2} 断开；或者 SA_1 虽处于正常工作的位置，但 SA_{1-2} 接触不良，使控制电源未接通，M_1 也不能起动。

2. M_1 停车时无制动

重点是检查电磁离合器 YC_1，如 YC_1 线圈有无断线、接点有无接触不良，整流电路有无故障等。此外还应检查控制按钮 SB_5 和 SB_6。

3. 主轴换刀时无制动

如果在 M_1 停车时主轴的制动正常，而在换刀时制动不正常，从电路分析可知应重点检查制动控制开关 SA_1。

4. 按下停车按钮后 M_1 不停

故障的主要原因可能是：KM_1 的主触点熔焊。如果在按下停车按钮后，KM_1 不释放，则可断定故障是由 KM_1 主触点熔焊引起的。应注意此时电磁离合器 YC_1 正在对主轴起制动作用，

会造成 M_1 过载，并产生机械冲击。所以一旦出现这种情况，应马上松开停车按钮，进行检查，否则会很容易烧坏电动机。

5. 主轴变速时无瞬时冲动

由于主轴变速行程开关 SQ_1 在频繁动作后，造成开关位置移动，甚至开关底座被撞碎或触点接触不良，都将造成主轴无变速时的瞬时冲动。

二、工作台进给控制电路故障

铣床的工作台应能够进行前、后、左、右、上、下六个方向的常速和快速进给运动，其控制是由电气和机械系统配合进行的，所以在出现工作台进给运动的故障时，如果对机、电系统的部件逐个进行检查，是难以尽快查出故障所在的。可依次进行其他方向的常速进给、快速进给、进给变速冲动和圆工作台的进给控制试验，来逐步缩小故障范围，分析故障原因，然后再在故障范围内逐个对电器元件、触点、接线和接点进行检查。在检查时，还应考虑机械磨损或移位使操纵失灵等非电气的故障原因。这部分电路的故障较多，下面仅以一些较典型的故障为例来进行分析。

1. 工作台不能纵向进给

此时应先对横向进给和垂直进给进行试验检查，如果正常，则说明进给电动机 M_2、主电路、接触器 KM_3、KM_4 及与纵向进给相关的公共支路都正常，就应重点检查图 7-13 中的行程开关 SQ_{2-1}、SQ_{3-2} 及 SQ_{4-2}，即接线端编号为 13—15—17—19 的支路，因为只要这三对动断触点之中有一对不能闭合、接触不良或者接线松脱，纵向进给就不能进行。同时，可检查进给变速冲动是否正常，如果也正常，则故障范围已缩小到在 SQ_{2-1} 及 SQ_{5-1}、SQ_{6-1} 上了。一般情况下 SQ_{5-1}、SQ_{6-1} 两个行程开关的动合触点同时发生故障的可能性较小，而 SQ_{2-1} （13—15）由于在进给变速时，常常会因用力过猛而容易损坏，所以应先检查它。

2. 工作台不能向上进给

首先进行进给变速冲动试验，若进给变速冲动正常，则可排除与向上进给控制相关的

支路 13—27—29—19 存在故障的可能性；再进行向左方向进给试验，若又正常，则又排除 19—21 和 31—33—12 支路存在故障的可能性。这样，故障点就已缩小到 21—SQ_{4-1}—31 的范围内。例如，可能是在多次操作后，行程开关 SQ_4 因安装螺钉松动而移位，造成操纵手柄虽已到位，但其触点 SQ_{4-1}（21—31）仍不能闭合，因此工作台不能向上进给。

3. 工作台各个方向都不能进给

此时可先进行进给变速冲动和圆工作台的控制，如果都正常，则故障可能在圆工作台控制开关 SA_{2-3} 及其接线（19—21）上；但若变速冲动也不能进行，则要检查接触器 KM_3 能否吸合，如果 KM_3 不能吸合，除了 KM_3 本身的故障之外，还应检查控制电路中有关的电器部件、接点和接线，如接线端 2—4—6—8—10—12、7—13 等部分；若 KM_3 能吸合，则应着重检查主电路，包括 M_2 的接线及绕组有无故障。

4. 工作台不能快速进给

如果工作台的常速进给运行正常，仅不能快速进给，则应检查 SB_3、SB_4 和 KM_2，如果这三个电器无故障，电磁离合器电路的电压也正常，则故障可能发生在 YC_3 本身，常见的有 YC_3 线圈损坏或机械卡死、离合器的动、静摩擦片间隙调整不当等。

表 5-6	X62W 型铣床常见电气故障及检修方法	
故障现象	可能原因	处理方法
主轴停车时无制动作用	速度继电器损坏 （1）速度继电器与电动机轴连接的螺钉松动或弹性连接件打滑 （2）速度继电器触头调节过紧	（1）更换速度继电器 （2）调整紧固螺钉 （3）调整至 300r/min 以上触头闭合
变速无冲动过程	（1）行程开关 SQ_6 或 SQ_7 损坏 （2）变速机构的顶销未碰上行程开关	（1）更换行程开关 （2）重新装配使变速手柄拉至极限位置时刚好压住行程开关
工作台各个方向均不能进给	未起动主轴电动机 M_1 （1）接触器 KM_1 常开触头闭合不良 （2）电动机 M_2 接线松脱	（1）先起动 M_1 （2）调整或更换触头 （3）紧固好电动机接线
工作台一个方向不能进给	（1）相应的行程开关损坏或接触不良 （2）操纵手柄传动机构磨损，不能压合相应的行程开关 （3）行程开关 SQ_6 损坏	（1）更换行程开关 （2）修检及调整传动机构行程 （3）SQ_6 损坏将使工作台不能向左或向右进给，更换行程开关
工作台不能快速进给	（1）牵引电磁铁动铁心卡死 （2）离合器摩擦片间隙调整不当 （3）电磁铁线圈烧毁	（1）调整电磁吸力不能过大 （2）重新调整电磁铁机构 （3）重绕线圈或更换
主轴停车后短时反转	速度继电器调整不当	适当调紧动触头弹簧，使触头适时分断

学习活动 5　制订工作计划，列出元器件和材料清单

学习目标：能根据任务要求，制定工作计划，列举所需材料清单。

学习地点：设备现场。

学习课时：2 课时。

一、引导问题

（1）根据任务要求，制订小组工作计划，并对小组成员进行分工。

（2）请列举本任务的工具清单。

（3）请列举本任务的材料清单（见表 5 - 7）。

表 5 - 7   **X62W 型万能铣床电气元件明细表**

代号	名称	型号	规格	数量	用途
M_1	主轴电动机	Y132M - 4 - B3	7.5kW 380V 1450r/min		驱动主轴
M_2	进给电动机	Y90L - 3	1.5kW 380V 1400r/min	1	驱动进给
M_3	冷却泵电动机	JCB - 22	125W 380V 2790r/min	1	驱动冷却泵
QS_1	开关	HZ10 - 60/3J	60A 380V	1	电源总开关
QS_2	开关	HZ10 - 10/3J	10A 380V	1	冷却泵开关
SA_1	开关	LS2 - 3A		1	换刀开关
SA_2	开关	HZ10 - 10/3J	10A 380V	1	圆形工作台开关
SA_3	开关	HZ3 - 133	10A 500V		M1 换向开关
FU_1	熔断器	RL1 - 60	60A 熔体 50A	3	电源短路保护
FU_2	熔断器	RL1 - 15	15A 熔体 10A	3	进给短路保护
FU_3，FU_6	熔断器	RL1 - 15	15A 熔体 4A	2	整流、控制电路短路保护
FU_4，FU_5	熔断器	RL1 - 15	15A 熔体 2A	2	直流、照明电路短路保护
KH_1	热继电器	JR0 - 40	整定电流 16A	1	M1 过载保护
KH_2	热继电器	JR10 - 10	整定电流 0.43A	1	M3 过载保护
KH_3	热继电器	JR10 - 10	整定电流 3.4A	1	M2 过载保护
T_2	变压器	BK - 100	380/36V	1	整流电源
TC	变压器	BK - 150	380/110V	1	控制电路电源
T_1	照明变压器	BK - 50	50VA 380/24V	1	照明电源
VC	整流器	2CZX4	5A 50V	1	整流用
KM_1	接触器	CJ10 - 20	20A 线圈电压 110V	1	主轴起动
KM_2	接触器	CJ10 - 10	10A 线圈电压 110V	1	快速进给
KM_3	接触器	CJ10 - 10	10A 线圈电压 110V	1	M2 正转
KM_4	接触器	CJ10 - 10	10A 线圈电压 110V	1	M2 反转

代 号	名 称	型 号	规 格	数量	用 途
SB₁，SB₂	按钮	LA2	绿色	2	起动 M₁
SB₃，SB₄	按钮	LA2	黑色	2	快速进给点动
SB₅，SB₆	按钮	LA2	红色	2	停止、制动
YC₁	电磁离合器	BIDL－Ⅲ		1	主轴制动
YC₂	电磁离合器	BIDL－Ⅱ		1	正常进给
YC₃	电磁离合器	BIDL－Ⅱ		1	快速进给
SQ₁	行程开关	LX3－11K	开启式	1	主轴冲动开关
SQ₂	行程开关	LX3－11K	开启式	1	进给冲动开关
SQ₃	行程开关	LX3－131	单轮自动复位	1	
SQ₄	行程开关	LX3－131	单轮自动复位	1	M₂ 正反转及联锁
SQ₅	行程开关	LX3－11K	开启式	1	
SQ₆	行程开关	LX3－11K	开启式	1	

二、教师点评

（1）找出各组的优点点评

（2）指出展示过程中的不足并进行点评，改进方法。

（3）指出整个任务中出现的亮点和不足。

学习活动 6　现场施工

学习目标：正确安装 X62W 型万能铣床电气控制线路；会用万用表进行电路检测。

学习地点：设备现场。

学习课时：26 课时。

回答相关问题，完成学习过程。

（1）根据万能铣床电气原理图，画出电气安装接线图。

（2）按图 5－17 进行电动机单向运转控制线路的安装。

（3）安装工艺的要求及原则学习任务四的学习活动 5。

（4）自检及通电试车方法见学习任务四的学习活动 5。

（5）各元件的安装位置应整齐、匀称，间距合理，便于元件的更换（见图 5－18）。

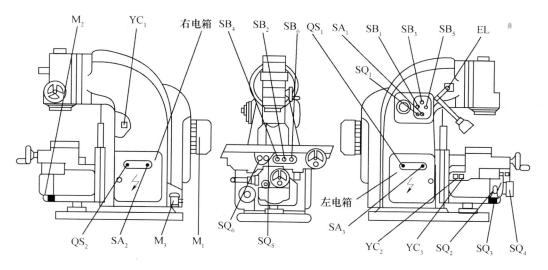

图 5-17 电动机单向运转控制线路图

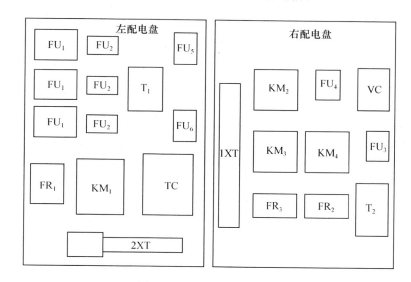

图 5-18 元件安装位置图

学习活动 7 施工项目验收

学习目标：能正确填写任务单的验收项目，并交付验收。

学习地点：设备现场。

学习课时：2 课时。

143

请根据工作任务单的验收项目（如表 5 - 8 所示），描述验收工作的内容。

表 5 - 8　　　　　　　　　　工作任务单的验收项目

验收项目	维修人员工作态度是否端正：是■　　　否□ 本次维修是否已解决问题：是■　　　否□ 是否按时完成：是■　　　否□ 客户评价：非常满意□　　基本满意■　　不满意□ 客户意见或建议 _____ _____		
	用户单位确认签字		确认时间	

以情景模拟的形式，学生扮演角色，安排学生进行项目验收。

按照工作任务单中验收的条件自行设计符合学校活动实际情况的验收项目。

·提示

设备的电气系统随时间的增长，会出现一些不正常现象，系统各性能指标下降或部分失去，平时维修工作量大，故障率高，相应降低了生产效率，为此到一定时限需进行设备的大修，以恢复其原性能，从而延长设备的使用寿命，充分利用设备的价值。

设备完好的标准：电气系统装置齐全，管线完好，性能灵敏、运行可靠。

学习活动 8　工作总结和评价

学习目标：按小组进行工作总结和评价。

学习地点：教室。

学习课时：2 学时。

（1）请根据任务完成情况，用自己的语言描述具体的工作内容。

（2）小组完成工作总结。

（3）以小组形式分别进行汇报、展示，通过演示文稿、现场操作、展板、海报、录像等形式，向全班展示、汇报学习成果。

（4）评价（见表 5 - 9）。

表 5 - 9　　　　　　　　　　评价表

序号	项　目	自我评价			小组评价			教师评价		
		10～8	7～6	5～1	10～8	7～6	5～1	10～8	7～6	5～1
1	学习兴趣									
2	任务明确程度									
3	现场勘查效果									
4	学习主动性									
5	承担工作表现									

序号	项　目	自我评价			小组评价			教师评价		
		10～8	7～6	5～1	10～8	7～6	5～1	10～8	7～6	5～1
6	协作精神									
7	时间观念									
8	质量成本意识									
9	安装工艺规范程度									
10	创新能力									
	总评									

学习任务六

Z37 摇臂钻床安装与调试

【学习目标】

（1）能通过识读电气原理图，明确新接触的低压电器符号，能描述控制器件的动作过程，明确控制机理。

（2）阅读电气安装图、布置接线图及相关电工资料，能编写钻床电气安装工艺，列出元器件、控制柜、电动机等安装位置，确保正确连接线路。

（3）利用相关资源及工具，能进一步识别和选用元器件，核查其型号与规格是否符合图纸要求，并进行外观性能检查。

（4）能按图纸、工艺要求、安全规范和设备要求，准备相关工具，安装元器件并接线，实现电气线路的正确连接。

（5）能用仪表进行测试检查，验证电路安装的正确性、可靠性，能按照安全操作规程工艺要求编写电气调试方案，确保正确通电试车。

（6）能根据行业企业文化要求填写工程项目看板，保证项目安装进度、质量的时效性，确保工程项目保质保量按时完成。

【建议课时】

60 课时。

【学习任务描述】

校企合作单位××高校软控成型机车间有六台 Z37 摇臂钻床因电器元件老化，经学院批准，特委托我院校 10 级电气自动化设备安装与维修班电工组对其电气控制部分进行重新安装与调试（施工周期 10 天），按规定期限完成验收交付使用。

学习活动 1　明确工作任务

学习目标：能根据 Z37 摇臂钻床安装与调试任务书明确任务、工作内容、工艺要求，并在教师指导下以小组为单位做好前期准备工作。

学习课时：2 课时。

学习地点：一体化教室。

教师模拟有关人员下发 Z37 摇臂钻床安装与调试项目任务书，学生阅读任务书并做好资料查阅工作。

一、学习与工作准备

准备项目任务书、相关资料、计算机。请你以小组为单位认真阅读分析项目任务书相关内容，做好相关资料的查阅工作（一般以小组为单位）。

二、引导性问题

（1）以小组为单位，研究通过哪些途径查找相关资料。

_____

（2）小组成员拿到 Z37 摇臂钻床安装与调试任务书，如何分工合作快速完成任务。

_____

学习活动 2　现场学习机床，识读电路图

学习目标：能在现场以不同的方式，了解 Z37 摇臂钻床机械工艺；能通过识读电气原理图，明确掌握新接触的低压电器符号，能描述控制器件的动作过程，明确控制机理。

学习地点：一体化教室、实训车间。

学习课时：4 课时。

一、学习与工作准备

准备好电工手册、安装设备图纸。

二、引导性问题

通过现场学习，请你写出 Z37 型摇臂钻床主要结构及运动形式。

_____

三、Z37 摇臂钻床主要结构、运动形式和型号分析

1. Z37 型摇臂钻床的主要结构、运动形式和型号（见图 6 - 1）

Z37 摇臂钻床主要由底座、内立柱、外立柱、摇臂、主轴箱、工作台等部分组成。内立柱固定在底座上，在它外面套着空心的外立柱，外立柱可绕着不动的内立柱回转 360°。摇臂一端的套筒部分与外立柱滑动配合，借助于丝杠，摇臂可沿着外立柱上下移动，但两者不能作相对转动，因此摇臂与外立柱一起相对内立柱回转。主轴箱是一个复合的部件，它包括主轴及主轴旋转和进给运动（轴向前进移动）的全部传动变速和操作机构。

主轴箱安装于摇臂的水平导轨上，可通过手轮操作使它沿着摇臂上的水平导轨作径向移动。需要钻削加工时，可利用夹紧机构将主轴箱紧固在摇臂导轨上，摇臂紧固在外立柱上，外立柱紧固在内立柱上，以保证加工时主轴不会移动，刀具也不会振动。

摇臂钻床的主运动是主轴带动钻头的旋转运动；进给运动是钻头的上下运动；辅助运动是指主轴箱沿摇臂水平移动、摇臂沿外立柱上下移动以及摇臂连同外立柱一起相对于内

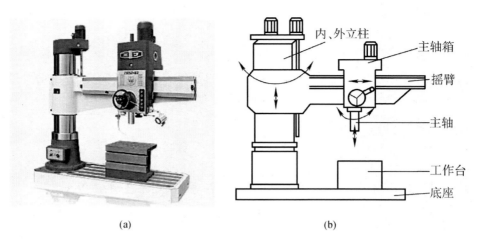

内、外立柱
主轴箱
摇臂
主轴
工作台
底座

(a)   (b)

图 6-1   Z37 摇臂钻床
(a) 实物图；(b) 结构示意

立柱的回转运动。

2. Z37 摇臂钻床的型号意义 （见图 6-2）

钻床
摇臂
最大钻孔直径70mm

图 6-2   型号意义

3. Z37 摇臂钻床电力拖动特点及控制要求

（1）Z37 摇臂钻床相对运动部件较多，故采用多台电动机拖动，以简化传动装置。

（2）各种工作状态都通过十字开关 SA 操作。

（3）摇臂升降要求有限位保护。

（4）摇臂的夹紧与放松由机械和电气联合控制。外立柱和主轴箱的夹紧与放松由电动机配合液压装置来完成的。

（5）钻削加工时需要对刀具及工件进行冷却。

4. 根据以上内容，回答以下问题

（1）从 Z37 摇臂钻床电气原理图中找出主电路、控制电路、照明电路部分。

_____

_____

_____

（2）请写出 Z37 摇臂钻床主电路的拖动形式及保护元器件。

_____

_____

_____

（3）通过认真阅读 Z37 摇臂钻床电路图描述主电路工作过程。

_____

_____

_____

（4）表 6-1 中画出摇臂上升与下降局部控制电路图并分析工作原理。

表 6-1　　　　　　　　　　　　**局部控制电路**

摇臂升降控制电路图	动作过程

四、Z37 摇臂钻床电气控制线路分析

Z37 摇臂钻床电气控制线路如图 6-3 所示。

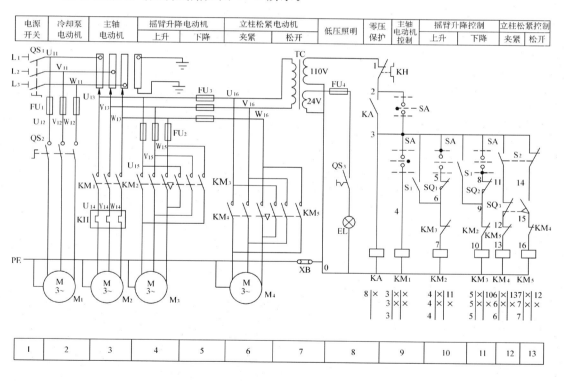

图 6-3　Z37 摇臂钻床电气控制线路

1. Z37 摇臂钻床主电路分析

Z37 摇臂钻床共有四台三相异步电动机，它们的控制和保护电器见表 6-2。其中主轴

149

电动机 M_2 由接触器 KM_1 控制，热继电器 FR 作过负荷保护，主轴的正、反向控制是由双向片式摩擦离合器来实现的。摇臂升降电动机 M_3 由接触器 KM_2、KM_3 控制，FU_2 作短路保护。立柱松紧电动机 M_4 由接触器 KM_4 和 KM_5 控制，FU_3 作短路保护。冷却泵电动机 M_1 是由组合开关 QS_2 控制的，FU_1 作短路保护。摇臂上的电气设备电源，是通过转换开关 QS_1 及汇流环 YG 引入。

表 6-2　　　　　　　　　　　　主电路的控制和保护器

电动机的名称及代号	控制电器	过载保护电器	短路保护器
冷却泵电动机 M_1	组合开关 QS_2	无	熔断器 FU_1
主轴电动机 M_2	接触器 KM_1	热继电器 KH	无
摇臂升降电动机 M_3	接触器 KM_2、KM_3	无	熔断器 FU_2
立柱松紧电动机 M_4	接触器 KM_4、KM_5	无	熔断器 FU_3

2. Z37 摇臂钻床控制线路分析

合上电源开关 QS_1，控制电路的电源由控制变压器 TC 提供 110V 电压。Z37 摇臂钻床控制电路采用十字开关 SA 操作（见表 6-3），它有集中控制和操作方便等优点。十字开关由十字手柄和四个微动开关组成。根据工作需要，可将操作手柄分别扳在孔槽内五个不同位置上，即左、右、上、下和中间位置。为防止突然停电又恢复供电而造成的危险，电路设有零电压保护环节，零电压保护是由中间继电器 KA 和十字开关 SA 来实现的。

表 6-3　　　　　　　　　　　　十字开关 SA 操作说明

手柄位置	接通微动开关的触头	工作情况
中	均不通	控制电路断电不工作
左	SA (2-3)	KA 得电自锁，零电压保护
右	SA (3-4)	KM_1 获电，主轴旋转
上	SA (3-5)	KM_2 获电，摇臂上升
下	SA (3-8)	KM_3 获电，摇臂下降

（1）主轴电动机 M_2 的控制。主轴电动机 M_2 的起停由接触器 KM_1 和十字开关 SA 来控制，控制流程如图 6-4 所示。

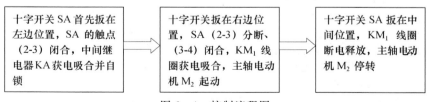

图 6-4　控制流程图

（2）摇臂升降控制。摇臂的放松、升降、夹紧是通过十字开关 SA、接触器 KM_2、KM_3、行程开关 SQ_1 和 SQ_2 及鼓形组合开关 S_1 控制电动机 M_3 正反转来实现的。

当工件与钻头的相对高度不合适时，可将摇臂升高或降低来调整。摇臂上升控制的流程图如图 6-5 所示。

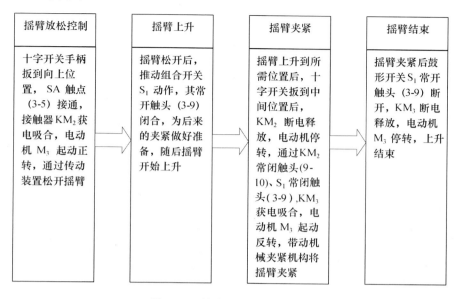

图 6-5 摇臂上升控制流程图

可见，摇臂的上升是由机械和电气联合控制实现的，能够自动完成摇臂松开→摇臂上升→摇臂夹紧的过程。

行程开关 SQ_1 和 SQ_2 用作限位保护，保护摇臂上升或下降不致超出允许的极限位置。

（3）立柱的夹紧与松开控制。Z37 摇臂钻床在正常工作时，外立柱夹在内立柱上。要是摇臂和外立柱绕内立柱转动，应首先将外立柱放松。立柱的松开和夹紧是靠电动机 M_4 的正反转拖动液压装置来完成的。电动机 M_4 的正反转由组合开关 S_2、行程开关 SQ_3、接触器 KM_4 和 KM_5 来控制，航程开关 SQ_3 则是由主轴箱与摇臂夹紧的机械手柄操作的。控制过程如图 6-6 所示。

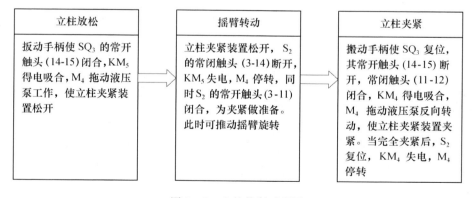

图 6-6 立柱控制过程图

Z37 摇臂钻床主轴箱在摇臂上的松开和夹紧与立柱的松开和夹紧是由同一台电动机 M_4 拖动液压装置完成的。

151

3. Z37 摇臂钻床照明电路分析

照明电路的电源也是由变压器 TC 将 380V 的交流电压降为 24V 安全电压来提供。照明灯 EL 由开关 QS_3 控制，由熔断器 FU_4 作短路保护。

根据以上内容，回答以下问题。

（1）参照摇臂上升的控制过程，试写出摇臂下降的控制流程图。

_____

_____

_____

_____

（2）经过你现场实物学习，简单地描述摇臂钻床的操作。

_____

_____

_____

五、学习拓展

摇臂钻床英文名称是 radial drilling machine，其定义为：摇臂可绕立柱回转和升降，通常指主轴箱在摇臂上作水平移动的钻床。摇臂钻是钻床的一个分支，以横臂可以绕立柱旋转而得名。按机械原理分为机械型、液压型。按钻孔大小分为 25、32、40、35、50、63、80、100、120。

钻床是一种孔加工设备，可以用来钻孔、扩孔、铰孔、攻丝及修刮端面等多种形式的加工。按用途和结构分类，钻床可以分为立式钻床、台式钻床、多孔钻床、摇臂钻床及其他专用钻床等。在各类钻床中，摇臂钻床操作方便、灵活，适用范围广，具有典型性，特别适用于单件或批量生产带有多孔大型零件的孔加工。一般情况下主轴箱可在摇臂上左右移动，并随摇臂绕立柱回转±180°。摇臂还可沿外柱上下升降，以适应加工不同高度的工件。较小的工件可安装在工作台上，较大的工件可直接放在机床底座或地面上。摇臂钻床广泛应用于单件和中小批生产中，加工体积和重量较大的工件的孔。摇臂钻床加工范围广，可用来钻削大型工件的各种螺钉孔、螺纹底孔和油孔等。摇臂钻床的主要变型有滑座式和万向式两种。滑座式摇臂钻床是将基础型摇臂钻床的底座改成滑座而成，滑座可沿床身导轨移动，以扩大加工范围，适用于锅炉、桥梁、机车车辆和造船等行业。万向摇臂钻床的摇臂除可垂直和回转运动外，并可作水平移动，主轴箱可在摇臂上倾斜调整，以适应工件各部位的加工。此外，还有车式、壁式和数字控制摇臂钻床等。

（1）摇臂钻床技术参数。

最大钻孔直径 100mm，主轴中心线至立柱母线距离最大 3150mm，最小 570mm。

主轴箱水平移动距离 2580mm。

主轴端面至底座工作面距离：最大 2500mm，最小 750mm。

摇臂升降距离 1250mm，摇臂升降速度 0.61m/min，摇臂回转角度 360°。

主轴圆锥孔：莫氏♯6，主轴转速范围 8～1000r/min，主轴转速级数 22 级。

主轴进给量范围：0.06～3.2mm/r，主轴进给量级数 16 级。

主轴行程 500mm，刻度盘每转钻孔深度 170mm。

主轴允许最大扭转力矩 2450N·m。

主轴允许最大进给抗力 50×10^3 N。

主电机功率 15kW，摇臂升降电机功率 3kW。

主轴箱及摇臂液压夹紧电机功率 0.75kW，立柱液压夹紧电机功率 0.75kW。

主轴箱水平移动电机功率 0.25kW。

主轴箱水平移动速度 7.6m/min，冷却泵电机功率 0.09kW，机床重量（约）20000kg，机床轮廓尺寸（长×宽×高）4650mm×1630mm×4525mm。

（2）摇臂钻床国内生产厂家。

目前国内较大的摇臂钻床生产厂家主要有：济南第二机床厂、沈阳中捷机床、沈阳机床集团、山东鲁南精机、山东翔宇机床有限公司等。

学习活动 3　勘查施工现场

学习目标：勘察施工现场，做好工作现场施工前期准备。

学习地点：一体化教室、实训车间。

学习课时：4 课时。

一、学习与工作准备

日常工具、安全隔离带、安装调试技术记录册。

二、引导性问题

（1）根据你前面工作任务的学习，进入施工现场勘查，应与客户做哪些技术上的交流及准备？

_____

_____

_____

（2）根据以前现场勘查记录及当前当地实际情况，请你写出 Z37 摇臂钻床现场勘查内容。

_____

_____

_____

_____

学习活动 4　制订安装工作计划，确认实施工作方案

学习目标：能根据施工图纸要求及勘察施工现场具体情况，制订安装工作计划；能根据项目任务要求和施工图纸，列举所需安装调试工具和材料清单。

学习地点：一体化教室。

学习课时：4 课时。

一、学习与工作准备

合同书、机床图纸、工作计划表、电工安全操作规程、电工手册。

二、引导性问题

（1）根据工作任务书要求及学习工作经验制订 Z37 摇臂钻床安装调试工程计划。

_____

_____

_____

_____

（2）根据电气原理图及 Z37 摇臂钻工艺要求列出元器件清单及安装耗材及规格（见表 6-4）。

_____

_____

_____

（3）以你前面所学技能，请你在施工前校验元件的正确性，写出过程记录。

_____

_____

_____

_____

（4）根据所学知识及经验通过其他资源做一下 Z37 摇臂钻床安装与调试项目报价表（见表 6-5）。

_____

_____

_____

_____

表 6-4   **Z37 型摇臂钻床电气元件明细表**

代号	名　　称	型号	规　　格	数量
M_1	冷却泵电动机	JCB-22-2	0.125kW、2790r/min	1
M_2	主轴电动机	Y132M-4	7.5kW、1440r/min	1
M_3	摇臂升降电动机	Y100L2-4	3kW、1440 r/min	1
M_4	立柱夹紧、松开电动机	Y802-4	0.75kW、1390 r/min	1
KM_1	交流接触器	CJ10-20	20A、线圈电压 110V	1
$KM_2 \sim KM_5$	交流接触器	CJ10-10	10A、线圈电压 110V	4
FU_1、FU_4	熔断器	RL1-15/2	15A、熔体 2A	4

代号	名 称	型号	规 格	数量
FU₂	熔断器	RL1－15/15	15A、熔体 15A	3
FU₃	熔断器	RL1－15/5	15A、熔体 5A	3
QS₁	组合开关	HZ2－25/3	25A	1
QS₂	组合开关	HZ2－10/3	10A	1
SA	十字开关	定制		1
KA	中间继电器	JZ7－44	线圈电压 110V	1
KH	热继电器	JR36－20/3	整定电流 14.1A	1
SQ₁、SQ₂	行程开关	LX5－11		2
SQ₃	行程开关	LX5－11		1
S₁	鼓形组合开关	HZ4－22		1
S₂	组合开关	HZ4－21		1
TC	控制变压器	BK－150	150VA、380V/110V、24V	1
EL	照明灯	KZ 型	24V、40W	1
YG	汇流排			1

表 6－5　　　　车间改造安装项目报价表　　　　（单位：元）

序号	主材名称	型号	单位	工程数	主材单价	安装单价	主材小计	安装小计	合计	厂家	备注
1	铜5芯电费	25mm²	米	30	110	60	3300	1800	4950		总电缆
2	铜5芯电费	10mm²	米	180		46		8280			至分支各配电箱电缆
3	铜单芯电线	2.5mm²	米	825							灯控制所有线
		2.5mm² 红色		825							
		黄绿色地线 2.5mm²		825							
4	4芯电缆	4mm²×4	米	80		20		1600			2#2#行吊电源线
5	塑料壳式断路器	100A	个	1	160	50		50		德力西	德力西
6	塑料壳式断路器	63A	个	1	120	50		50		德力西	设备总开关
7	塑料壳式断路器	20A	个	5	60	30		150		德力西	分支每个配电箱一个
8	塑料壳式断路器	16A	个	5	60	30		150		德力西	分支每个配电箱一个
9	塑料壳式断路器	16A	个	5	60	30		150		德力西	3个行吊+灯总开关+备用
10	配电箱		个	1	200	100		100		德力西	总配电箱安装含配盘
11	配电箱		个	5	140	70		250			各分支配电箱含配盘
12	配电箱		个	2	30	50		100			分支灯控制箱含配盘
13	断路器	1P	个	6	20	15		90			灯开关含配盘
14	铁管	DN20	米	185		46		8510			分支配到房顶电缆分支
15	铜鼻	25mm²	个	6	15	18	90	48			
16	铜鼻	10mm²	个	18	8	5	144	90			
17	PVC穿线管	DN15	米	495	8	5		2475			灯之间连接
18	卤钨杯灯	21040301	个	66		200		17160		广运	含布线连接,此灯已停产
19	安装辅助材料						600				
								41653			

学习活动 5　现场施工安装

学习目的：

（1）能通过前面任务学习，依据安全规程，做好现场施工前准备。

（2）能按图纸工艺安装器件接线，掌握电气配线技巧，实现电气控制线路正确连接控制柜与机床对接，保证项目实施持续性。

（3）能根据企业现场 5S 管理行业企业文化要求，日清日毕、日事日毕，填写工程项目看板，确保项目安装进度、质量时效性。

学习地点：一体化教室、实训车间。

学习课时：10 课时。

一、学习与工作准备

（1）电工常用工具：剥线钳、压线钳、螺钉旋具、电钻等。

（2）仪器仪表：摇表、万用表、钳形电流表等。

（3）耗材器材：导线、线槽、护套管、胶带、金属软管、编码套管等。

（4）图纸类：电气原理图、元件布置图、接线图。

（5）电工安全操作规程、电工手册、劳保用品。

（6）设备元件：三相交流电源、三相异步电动机、元器件。

二、引导性问题

（1）根据前面学习任务实施过程叙述作为一名企业准工人的劳保标准。

_____

_____

（2）参照前面学习任务布置 Z37 摇臂钻床现场施工环境（参照安全规程，见图 6-7）。

_____

_____

（3）你进入到施工现场如何判断是否有三相电源，用几种办法来确认。

_____

_____

三、实施过程性问题

（1）通过前面的学习任务简略叙述 Z37 摇臂钻床电气部分安装配线步骤，填表 6-6。

表 6-6　　　　　　　　　　　　安装步骤

步骤	工序内容	注意事项

（2）小组讨论，参考相关资料，在指导老师的帮助下编写工序规程及作业指导书（见表 6-7）。

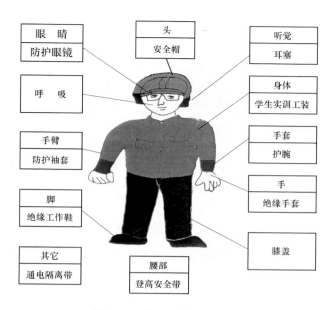

图 6-7 施工现场安全装备

表 6-7   工序规程及作业指导书

序号	起始时间	工序内容	工具	器材	备注

（3）Z37 摇臂钻床电气部分安装配线步骤。

1）按照元件明细表（或相似的型号、规格）配齐电气设备和元件，并逐个检验其型号、规格和质量是否合格。

2）根据电动机容量、线路走向及要求和各元件的安装尺寸，正确选择导线的规格、导线通道类型和数量、接线端子板型号及节数、控制板、管夹、束节、紧固体等。

3）在控制板上安装电器元件，并在各电器元件附近做好与电路图上相同代号的标记。

4）按照控制板内布线的工艺要求进行布线和套编码套管。

5）选择合理的导线走向，做好导线通道的支持准备，并安装控制板外部的所有电器。

6）进行控制板外部布线，并在导线线头上套装与电路图相同线号的编码套管。

7）检查电路的接线是否正确和接地通道是否具有连续性。

8）检查位置开关 SQ_1、SQ_2、SQ_3 的安装位置是否符合机械要求。

9）检查热继电器的整定值是否符合要求。各级熔断器的熔体是否符合要求，如不符合要求应予以更换。

10）检测电动机及线路的绝缘电阻，清理安装场地。

11）接通电源开关，点动控制各电动机起动，以检查各电动机的转向是否符合要求。

157

12）通电空转试验时，应检查各电器元件、线路、电动机的工作情况是否正常。如不正常，应立即切断电源进行检查，在调整或修复后方能再次通电试车。

（4）Z37 摇臂钻床电气部分安装配线工艺要求。

1）根据 Z37 钻床容量及工艺要求，所有导线的截面积在等于 $0.5mm^2$ 时必须采用软线。考虑机械强度原因，所用导线的最小截面积，在控制柜内为 $1mm^2$，在控制箱外为 $0.75mm^2$。对控制箱或控制柜内很小电流的电路连线可用 $0.2mm^2$，并可采用硬线，只能用于无振动场合。

2）布线时，严禁损伤线芯和导线绝缘。各电器元器件接线端子引出导线的走向，以水平的水平中心线为界限，在水平中心线以上接线端子引出的导线必须走元器件上面的线槽，反之走下面的线槽。任何导线不能从水平方向进入走线槽内。

3）各电器元件接线端子上引出或引入的导线，除间距很小或元件机械强度很差允许直接架空辐射外，其他导线必须经过走线槽进行连接。

4）进入走线槽内的导线要完全置于走线槽内，并应尽可能避免交叉，装线不要超过其容量的 70%，以便于能盖上线槽盖和以后装配及维修。

5）各电器元件与走线槽之间的外露线，应走线合理，并尽可能做到横平竖直，改变路径时要横弯垂直过渡。同一个元件上位置一致的端子和同型号电器元件中位置一致的端子引出或引入的导线，要敷设在同一平面，并应做到高低一致或前后一致，不得交叉。

6）所有接线端子、导线线头套有的号码管都应与电路图上相应接点线号保持一致，并按线号进行连接压线，必须可靠不得松动。

7）在任何情况下，接线端子必须与导线截面积和材料性质相适应。当接线端子不适合连接软线或较小截面积的软线时，可以在导线端头上穿上针形或叉形线鼻子并压紧。

8）一般一个接线端子只能连接一根导线，需多根导线共用一个线鼻子时，可用线排短接或采用专门设计的端子，可以连接两根或多根导线。导线连接方式必须是公认的，在工艺上成熟的各种方式，如夹紧、压接、焊接、线接等，并应严格按照连接工艺的工序要求进行。

（5）根据前面任务的学习，请你描述一下在施工过程中如何保证项目质量。

_____

_____

（6）根据前面任务学习，请你写出机体电器元件、控制箱内电器元件在对接时应考虑哪些因素。

_____

_____

（7）根据 Z37 摇臂钻床电气工艺要求请详细列出所用导线的规格，填写表 6-8。

表 6-8　　　　　　　　　　　导线的规格

序号	所用导线在机床位置	规格	备注

（8）根据前面的学习经验，在安装接线之前对电动机（已使用过）应做哪些检查。

_____

_____

（9）根据图纸调试安装好的 Z37 摇臂钻床（见图 6-8、图 6-9、图 6-10、图 6-11）。

（10）在安装接线过程中，根据前面工作与学习经验你是如何保证接地可靠性的。

_____

_____

（11）Z37 摇臂钻床项目施工结束，你能否根据个人自身经验简要制订一下 Z37 摇臂钻床安全操作规程（你认为应如何去做）。

_____

_____

（12）摇臂钻床安全操作规程。

1）工作前对所用摇臂钻床和工卡量进行全面检查，确认无误时方可工作。

2）严禁戴手套操作，女生发辫应挽在帽子内。

3）在起动摇臂钻床前，要对急停按钮等主要电气元件位置性能做一下详细认真的检查，方可起动。

4）使用摇臂钻床时，横臂回转范围内不准有障碍物。工作前，横臂必须卡紧。

5）横臂和工作台上不准存放物件，被加工件必须按规定卡紧，以防工件移位造成重大人身伤害事故和设备事故。

6）工件装夹必须牢固可靠。钻小件时，应用工具夹持，不准用手拿着钻。

7）使用自动走刀时，要选好进给速度，调整好行程限位块。手动进刀时，一般按照逐渐增压和逐渐减压原则进行，以免用力过猛造成事故。

8）钻头上绕有长铁屑时，要停车清除。禁止用风吹、用手拉，要用刷子或铁钩清除。

9）精铰深孔时，拔取圆器和销棒不可用力过猛，以免手撞在刀具上。

10）不准在旋转的刀具下翻转、卡压或测量工件。手不准触摸旋转的刀具。

11）工作结束时，将横臂降到最低位置，主轴箱靠近立柱，并且都要卡紧。

（13）摇臂钻床操作步骤。

作业前：

1）上岗前，要穿戴好本岗的劳保用品，严禁戴手套。

2）工作前，先检查设备各系统是否正常，发现有异常时要告诉负责人，并派维修人员修理，自己不能乱动，以免发生意外。

3）工作前对所用刀、夹、量具及加工件进行全面检查，确认无误方可操作。

4）工作前先要熟悉所有加工工件的工艺规程及技术要求，明确本工序质量控制要点。

作业中：

1）工件装夹具必须牢固可靠，夹具装夹面及定位面不允许有切屑、脏物。

2）严格按工艺文件规定的切削用量，不得任意改变。如需变更，要经技术部门同意后方可更改。

3）使用自动走刀时，必须调整好行程限位块。手动进刀时，手力应按渐增和渐减原

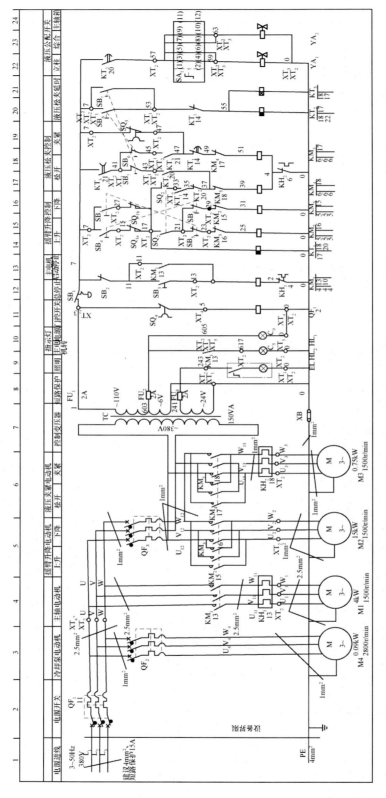

图 6-8 摇臂钻床安装调试相关图纸（一）

160

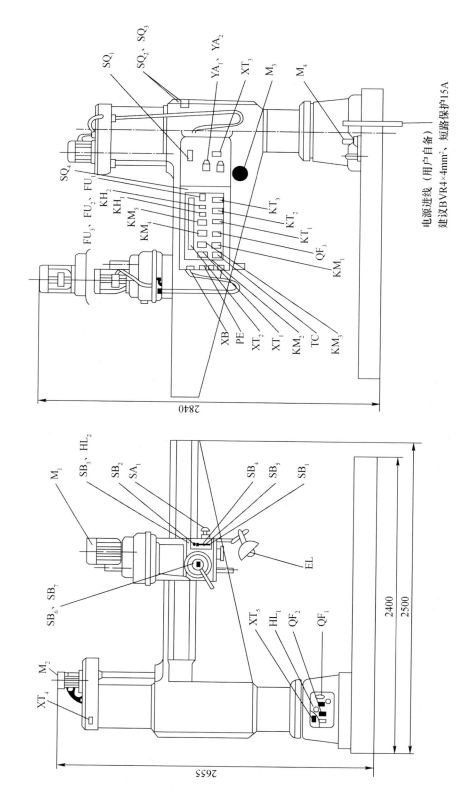

图 6 - 9　摇臂钻床安装调试相关图纸 (二)

SQ₁

SQ₂、SQ₃

YA₁、YA₂

XT₃

M₃

M₄

SQ₄

FU₃、FU₂、FU₁

KH₂

KH₁

KM₅

KM₄

KT₃

KT₂

KT₁

QF₃

KM₁

XB

PE

XT₂

XT₁

KM₂

TC

KM₃

电源进线（用户自备）

建议BVR4×4mm²、短路保护15A

2840

M₁

SB₃、HL₂

SB₂

SA₁

SB₄

SB₅

SB₁

SB₆、SB₇

EL

XT₅

HL₁

QF₂

QF₁

XT₄

M₂

2655

2400

2500

161

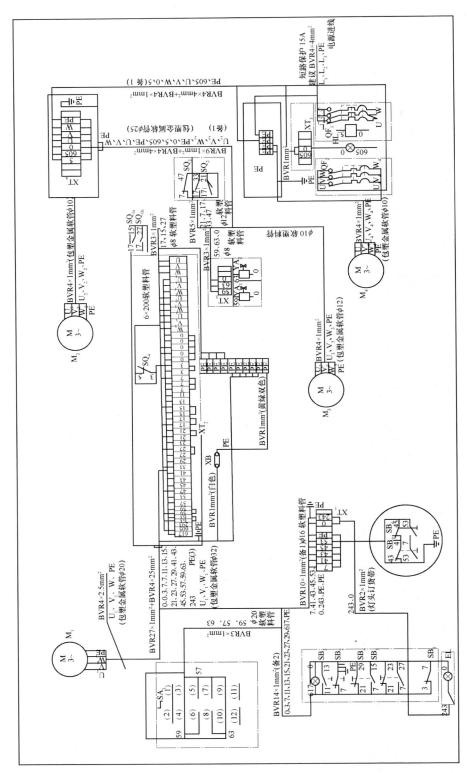

图 6-10 摇臂钻床安装调试相关图纸（三）

162

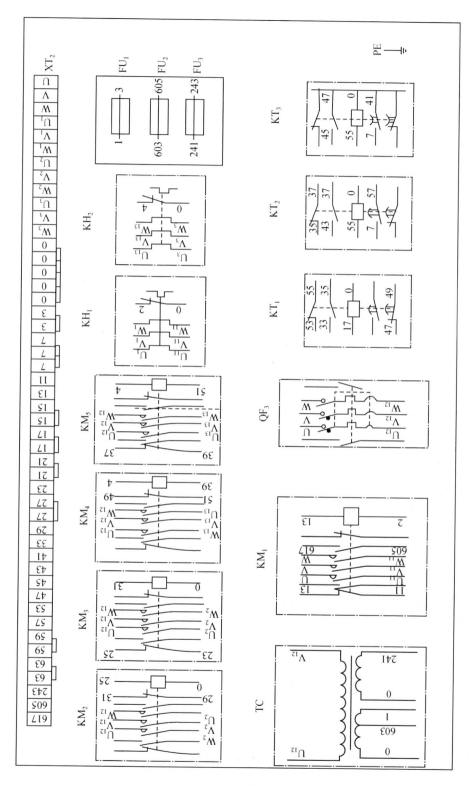

图 6-11　摇臂钻床安装调试相关图纸（四）

163

则操作，不允许用力过猛，以免造成事故。

4）当调整好主轴与夹具中心对中和上下位置后，必须将变速箱绕立柱的回转升降、摇臂变速箱端面的回转、摇臂拖板沿摇臂导轨的移动、主轴回转盘绕摇臂拖板的回转等可动接合部分安全夹紧，才能进行加工工件操作。

5）钻头上绕有长铁屑时，要停车清除，禁止用手拉，要用刷子或铁钩清除。

6）装卸工件时，必须停车，或将刀具停在安全位置，以免手撞在刀具上。

作业后：

1）下班前将机床运转部分停在起始位置，以免机件受力变形。

2）拉开电闸，切断电源。

3）下班前将机床、刀、夹、量具清理干净，并涂上油（机床润滑点规定加油）。所用工具要按规定位置有序摆放。

4）将工作场地周围打扫干净，不允许地面有切屑、油、水或其他杂、脏物。

（14）请思考在安装过程中编写工作页要素单的必要性。

_____

_____

_____

_____

_____

学习活动 6　确定调试通电试车方案，通电试车

学习目标：

（1）能根据 Z37 摇臂钻床电气原理图，制订调试方案，有序安全进行设备调试，并作各种调试记录。

（2）调试完毕，现场 6S 管理后，进行安全通电试车。

学习地点：一体化教室、实训车间。

学习课时：8 课时。

一、学习与工作准备

电工常用工具、劳保用品、安装调试记录表。

二、引导性问题

（1）通过前面工作任务的学习，你认为设备调试应从几个方面入手？

_____

_____

・提示

电气设备调试是整个设备在运行过程中得到的最原始的资料，它为设备运行状态、设备维护维改提供了有力的帮助。通常电气设备调试一般从以下几个方面入手：①电气设备

单元测试记录；②电气设备单件测试记录；③电气设备软件通信测试记录；④电气设备负荷运行测试记录；⑤电气设备电气单元测试记录；⑥电气设备机械单元测试记录；⑦电气设备整机运行调试记录；⑧空载调试单元记录；⑨断电调试记录；⑩上电调试记录。

例如，空载带电调试步骤：

1）先检查来电情况，检查电压是否过高或者过低，确保来电正常；

2）送二次控制回路电，确保仪表盘仪表、指示灯正常无误；

3）送主回路电，分控制对象单步调试；

4）设备整体送电，总体调试（这里要根据你的设备情况作一些调试试验）；

5）带负载调试；

6）正常运行一定时间（有的是 72h，有的是 168h）后，完成设备调试报告，填写仪表各种数据。

（2）调试与通电试车步骤及过程记录。

调试步骤记录：

_____

_____

_____

通电试车过程记录：

_____

_____

_____

（3）常见电气故障分析与检修。

1）主轴电动机 M_2 不能起动。首先检查电源开关 QS_1、汇流环 YG 是否正常。其次，检查十字开关 SA 的触头、接触器 KM_1 和中间继电器 KA 的触头接触是否良好。若中间继电器 KA 的自锁触头接触不良，则将十字开关 SA 扳到左边位置时，中间继电器 KA 吸合，然后再扳到右边位置时，KA 线圈将断电释放；若十字开关 SA 的触头（3—4）接触不良，当将十字开关 SA 手柄扳到左面位置时，中间继电器 KA 吸合，然后再扳到右面位置时，继电器 KA 仍吸合，但接触器 KM_1 不动作；若十字开关 SA 触头接触良好，而接触器 KM_1 的主触头接触不良时，当扳动十字开关手柄后，接触器 KM_1 线圈获电吸合，但主轴电动机 M_2 仍然不能起动。此外，连接各电器元件的导线开路或脱落，也会使主轴电动机 M_2 不能起动。

2）主轴电动机 M_2 不能停止。当把十字开关 SA 的手柄扳到中间位置时，主轴电动机 M_2 仍不能停止运转，其故障原因是接触器 KM_1 主触头熔焊或十字开关 SA 的右边位置开关失控。出现这种情况，应立即切断电源开关 QS_1，电动机才能停转。若触头熔焊需更换同规格的触头或接触器时，必须先查明触头熔焊的原因并排除故障后进行；若十字开关 SA 的触头（3—4）失控，应重新调整或更换开关，同时查明失控原因。

3）摇臂升降、松紧线路的故障。Z37摇臂钻床的升降和松紧装置由电气和机械机构相互配合，实现放松－上升（下降）－夹紧的半自动工作顺序控制。在维修时不但要检查电气部分，还必须检查机械部分是否正常。

4）主轴箱和立柱的松紧故障。由于主轴箱和立柱的夹紧与放松是通过电动机 M_4 配合液压装置来完成的，所以若电动机 M_4 不能起动或不能停止时，应检查接触器 KM_4 和 KM_5、位置开关 SQ_3 和组合开关 S_2 的接线是否可靠，有无接触不良或脱落等现象，触头接触是否良好，有无移位或熔焊现象。同时还要配合机械液压协调处理。

（4）根据前面任务学习，制订并填写 Z37 摇臂钻床电机单元测试记录表（见表 6－9，内容：保护单元、测试单点、启停运行、控制运行、过程数据）。

表 6－9　　　　　　　　　　　**Z37 摇臂钻床电机单元测试记录表**

Z37 摇臂钻床电机单元测试记录表
合理化建议

（5）根据 Z37 电气原理图及电气相关图，团队协商完成机电气单元测试记录表（见表 6－10）。

表 6 - 10

Z37 机电单元测试记录表

项目名称：　　　　　　　　　　　　　　　　　　　　　　　　调试时间：　　年　月　日

机构单元 ＼ 测试内容	部件明细	测试机构工艺记录明细	工艺标准（确认）	备注（参数最终用户定）
液压系统单元				
摇臂升降加紧放松系统单元				
主轴及主轴箱机构单元				
人机保护单元				
冷却系统单元				
其他单点调试记录说明				
问题与建议（可以对电气设计提出合理化建议）				

调试结果：　　　　　　　　　调试人：　　　　　　　　　确认日期：

三、摇臂钻床的测试与检查

Z37 摇臂钻床调试结束后通电试车前，要进行全面检查。

（1）摇臂钻床摇臂及升降夹紧机构检查：检查调整升降机构和夹紧机构达到灵敏可靠。

（2）摇臂钻床润滑系统检查：清洗油毡，要求油杯齐全、油路畅通、油窗明亮。

（3）摇臂钻床冷却系统检查：①清洗冷却泵、过滤器及冷却液槽；②检查冷却液管路，要求无漏水现象。

（4）摇臂钻床电器系统检查：①清扫电动机及电器箱内外尘土；②关闭电源，打开电器门盖，检查电器接头和电器元件是否有松动、老化；③检查限位开关是否工作正常（需要通电检查，注意安全）；④开门断电是否起到作用；⑤检查液压系统是否正常，有无漏油现象；⑥各电器控制开关是否正常；⑦特别注意检查一下设备的急停按钮的状态。

学习活动 7　施工项目验收

学习目标：

（1）能整理相关 Z37 摇臂钻安装、调试过程记录，归档保存以备后用

（2）能按照项目工艺要求，制定出相关验收报告书，并组织相关人员进行项目验收，填写验收报告书并交付使用。

学习课时：4 课时。

学习地点：一体化教室、实训车间。

一、学习与工作准备

电工常用工具、仪表，Z37 钻床元件明细表。

二、引导性问题

（1）在项目进入尾声时，请你对照自己的成果用自己的实际经验进行直观检查，为验收做准备、自己先完成"自检"部分内容，同时也可以由老师安排其他同学（同组或别组同学）进行"互检"，并填写表 6-11。

表 6-11　　　　　　　　　　Z37 摇臂钻床外观及性能验收

项　　目	自检		互检	
	合格	不合格	合格	不合格
电气元件选择的正确性				
导线选用、穿线管选用的正确性				
各器件、接线端子固定的牢固性				
是否按规定套编码套管				
控制箱内外元件安装是否符合要求				
有无损坏电器元件				
导线通道敷设是否符合要求				
导线敷设是否按照电路图				
有无接地线				
主开关是否安全妥当				
各限位开关安装是否合适				
工艺美观性如何				
继电器整定值是否合适				
各熔断器熔体是否符合要求				
操作面板所有按键、开关、指示灯接线是否正确				
电源相序是否正确				
电动机及线路的绝缘电阻是否符合要求				
有无清理安装现场				
控制电路的工作情况如何				
点动各电动机转向是否符合要求				
指示信号和照明灯是否完好				
工具、仪表的使用是否符合要求				
是否严格遵守安全操作规程				

（2）在验收过程中，根据你前面所学知识填写详细验收记录（表6-12）。

表6-12   验收过程问题记录表

验收问题记录	整改措施	完成时间	备注

（3）工程验收时，应对下列项目进行检查：①按照Z37摇臂钻床元件明细表逐个检查电气设备和元件的型号、规格和质量是否符合要求；②电气器件、设备的安装固定应牢固、平正；③线路走向是否符合布线的工艺要求并套编码套管；④检查操作面板所有按键、开关、指示灯的接线；⑤电动机及线路的绝缘情况，各整定值整定情况，各级熔断器的熔体情况；⑥根据Z37钻床电气原理图，对电气控制柜逐线检查、核对线号；⑦用万用表欧姆挡对电气控制柜线路进行通断检查。接通电源开关点动控制各电动机起动，检查各电动机的转向是否符合要求；⑧通电空转试验时，检查各电器元件、线路、电动机及传动装置的工作情况是否正常；⑨设备带负载运行时用通过仪表测量电动机负载电流、电压是否与允许电流电压相匹配。

（4）请你在验收过程中，整理好Z37摇臂钻床的验收过程记录，把Z37摇臂钻床验收记录与前面其他学习项目进行比较。

_____

_____

（5）项目交付使用后，为保证设备安全持续性运转，根据前面的学习任务填全Z37

169

摇臂钻床点检表（见表 6 - 13）。

表 6 - 13   **摇臂钻床点检表**

制定		设备安全操作、日常点检表	公司	部门	负责	制作
修改						
版数	设备名称	Z37 摇臂钻床				

小心夹手

急停按钮

				设备点检表						
序号	检查物点	检查项目	检查方法	判定标准	处置对策	检查周期	检查状态		担当	
							运行	停止	操作	保全

点检过程详细记录

....

....

....

....

（6）摇臂钻床日常保养：①清洗机床外表及死角，拆洗各罩盖，要求内外清洁、无锈蚀、无黄袍，漆见本色铁见光。清洗导轨面及清除工作台面毛刺。检查补齐螺钉、手球、手板，检查各手柄灵活可靠性。②摇臂钻床主轴进刀箱保养：检查油质，保持良好，油量符合要求。清除主轴锥孔毛刺。清洗液压变速系统、滤油网，调整油压。③摇臂钻床摇臂及升降夹紧机构检查：检查调整升降机构和夹紧机构达到灵敏可靠。④摇臂钻床润滑系统检查：清洗油毡，要求油杯齐全、油路畅通，油窗明亮。⑤摇臂钻床冷却系统检查：清洗冷却泵、过滤器及冷却液槽。检查冷却液管路，要求无漏水现象。⑥摇臂钻床电器系统检查：清扫电机及电器箱内外尘土。关闭电源，打开电器门盖，检查电器接头和电器元件是否有松动、老化。检查限位开关是否工作正常。开门断电是否起到作用。检查液压系统是否正常，有无漏油现象。各电器控制开关是否正常。

学习活动 8　工作总结与评价

学习目标：

（1）通过对 Z37 摇臂钻学习与工作过程的回顾，学会客观评价、撰写总结。

（2）通过自评、互评、教师评价，能够学会沟通，体会到自己的长处与不足，建立自信。

学习地点：设备现场。

学习课时：4 课时。

一、学习与工作准备

展示舞台、工作过程录像、白板、纸张。

二、引导性问题

请你回顾总结一下在 Z37 摇臂钻床安装与调试项目中所学所感，做一简单阐述（Z37摇臂钻安装与调试回顾与总结）

_____

_____

_____

_____

_____

_____

_____

_____

三、评价分析

（1）组内、班级经验交流记录（见表 6-14）。

表 6 - 14 经验交流表

工 作 经 验 交 流	合 理 化 建 议

（2）项目成果展示记录（采用巡回展示讲解，以组为单位）。

_____

_____

_____

（3）Z37 摇臂钻床电气安装与调试过程评价（见表 6 - 15、表 6 - 16、表 6 - 17）。

表 6 - 15　　　　　　　学习与工作任务过程评价自评表

班级			姓名		学号		日期		年　月　日		
评价指标	评 价 要 素					权重	等级评定				
							A	B	C	D
信息检索	能有效利用网络资源、工作手册查找有效信息					5%				
	能用自己的语言有条理地去解释、表述所学知识					5%				
	能对查找到的信息有效转换到工作中					5%				
感知工作	是否熟悉你的工作岗位，认同工作价值					5%				
	在工作中，是否获得满足感					5%				
参与状态	与教师、同学之间是否相互尊重、理解、平等					5%				
	与教师、同学之间是否能够保持多向、丰富、适宜的信息交流					5%				
	探究学习，自主学习不流于形式，处理好合作学习和独立思考的关系，做到有效学习					5%				
	能提出有意义的问题或能发表个人见解；能按要求正确操作；能够倾听、协作分享					5%				
	积极参与，在学习与工作过程中不断学习，综合运用信息技术的能力提高很大					5%				
学习方法	工作计划、操作技能是否符合规范要求					5%				
	是否获得了进一步发展的能力					5%				
工作过程	遵守管理规程，操作过程符合现场管理要求					5%				
	平时上课的出勤情况和每天完成工作任务情况					5%				
	善于多角度思考问题，能主动发现、提出有价值的问题					5%				
思维过程	是否能发现问题、提出问题、分析问题、解决问题、创新问题					5%				

班级		姓名		学号		日期	年 月 日		
评价指标	评 价 要 素				权重	等级评定			
						A	B	C	D
自评反馈	按时按质完成工作任务				5%				
	较好地掌握了专业知识点				5%				
	具有较强的信息分析能力和理解能力				5%				
	具有较为全面严谨的思维能力并能条理明晰表述成文				5%				
自评等级									
有益的经验和做法									
总结反思建议									

等级评定：A：好；B：较好；C：一般；D：有待提高

表 6－16　　　　　　　　学习与工作任务过程评价互评表

班级		姓名		学号		日期	年 月 日		
评价指标	评 价 要 素				权重	等级评定			
						A	B	C	D
信息检索	他能有效利用网络资源、工作手册查找有效信息				5%				
	他能用自己的语言有条理地去解释、表述所学知识				5%				
	他能对查找到的信息有效转换到工作中				5%				
感知工作	他是否熟悉自己的工作岗位，认同工作价值				5%				
	他在工作中，是否获得满足感				5%				
参与状态	他与教师、同学之间是否相互尊重、理解、平等				5%				
	他与教师、同学之间是否能够保持多向、丰富、适宜的信息交流				5%				
	他能处理好合作学习和独立思考的关系，做到有效学习				5%				
	他能提出有意义的问题或能发表个人见解；能按要求正确操作；能够倾听、协作分享				5%				
	他积极参与，在学习工作过程中不断学习，综合运用信息技术的能力提高很大				5%				
学习方法	他的工作计划、操作技能是否符合规范要求				5%				
	他是否获得了进一步发展的能力				5%				
工作过程	他是否遵守管理规程，操作过程符合现场管理要求				5%				
	他平时上课的出勤情况和每天完成工作任务情况				5%				
	他是否善于多角度思考问题，能主动发现、提出有价值的问题				5%				

班级		姓名		学号		日期	年 月 日		
评价指标	评 价 要 素				权重	等级评定			
						A	B	C	D
思维状态	他是否能发现问题、提出问题、分析问题、解决问题、创新问题				5%				
自评反馈	他能严肃认真地对待自评，并能独立完成自测试题				10%				
	互评等级								
简要评述									

等级评定：A：好；B：较好；C：一般；D：有待提高

表 6-17　　　　　**学习与工作任务过程教师评价量表**

班级			姓名		学号		权重	评价
知识策略	知识吸收	能设法记住要学习的东西，运用已学知识解决问题					3%	
		使用多样性手段，通过网络、技术手册等收集到很多有效信息					3%	
	知识构建	自觉寻求不同工作任务之间的内在联系					3%	
	知识应用	将学习到的东西应用到解决实际问题中转化为生产力					3%	
工作策略	兴趣取向	对课程本身感兴趣，熟悉自己的工作岗位，认同工作价值					3%	
	成就取向	学习的目的是获得高水平的成绩					3%	
	批判性思考	谈到或听到一个推论或结论时，他会考虑到其他可能的答案					3%	
管理策略	自我管理	若不能很好地理解学习内容，会设法找到该任务相关的其他资讯					3%	
	过程管理	正确回答材料和教师提出的问题					3%	
		能根据提供的材料、工作页和教师指导进行有效学习					3%	
		针对工作任务，能反复查找资料、反复研讨，编制有效工作计划					3%	
		工作过程，留有研讨记录					3%	
		团队合作中，主动承担完成任务					3%	
	时间管理	有效组织学习时间和按时按质完成工作任务					3%	
	结果管理	在学习过程中有满足、成功与喜悦等体验，对后续学习更有信心					3%	
		根据研讨内容，对讨论知识、步骤、方法进行合理的修改和应用					3%	
		课后能积极有效地进行学习的自我反思，总结学习的长短之处					3%	
		规范撰写工作小结，能进行经验交流与工作反馈					3%	

班级			姓名		学号		权重	评价
过程状态	交往状态	与教师、同学之间交流语言得体，彬彬有礼					3%	
		与教师、同学之间保持多向、丰富、适宜的信息交流和合作					3%	
	思维状态	学生能用自己的语言有条理地去解释、表述所学知识					3%	
		学生善于多角度思考问题，能主动提出有价值的问题					3%	
	情绪状态	能自我调控好学习情绪，能随着教学进程或解决问题的全过程而产生不同的情绪变化。					3%	
	生成状态	学生能总结当堂学习所得，或提出深层次的问题					3%	
	组内合作过程	分工及任务目标明确，并能积极组织或参与小组工作					3%	
		积极参与小组讨论并能充分地表达自己的思想或意见					3%	
	组际总结过程	能采取多种形式，展示本小组的工作成果，并进行交流反馈					3%	
		对其他组学生所提出的疑问能做出积极有效的解释					3%	
		认真听取其他组的汇报发言，并能大胆地质疑或提出不同意见或更深层次的问题					3%	
	工作总结	规范撰写工作总结					3%	
自评	综合评价	严肃按照《任务过程评价自评表》认真地对待自评					5%	
互评	综合评价	严肃按照《任务过程评价互评表》认真地对待互评					5%	
总评等级								
建议					评定人：（签名）　　　年　月　日			

等级评定：A：好；B：较好；C：一般；D：有待提高

评分标准：

项目内容	分配	评分标准	扣分
安装元件	15	（1）电气设备和元件的型号、规格和质量是否符合要求 （2）元件安装不牢固 （3）损坏元件	每项扣3分 每只扣3分 扣5～15分
布线	35	（1）不按电气原理图接线 （2）布线不符合要求 　　主电路每根 　　控制电路每根 （3）节点松动、露铜过长、反圈、压绝缘层 （4）损伤导线绝缘或线芯	扣15分 扣2分 扣1分 每根扣1分 每根扣4分
通电试车	50	（1）第一次通电试车不成功 （2）第二次通电试车不成功 （3）第三次通电试车不成功 （4）违反安全文明生产	扣20分 扣30分 扣50分 扣5～15分
开始时间		结束时间		实际时间	
成绩					